高等职业教育教材

职业教育新形态教材

煤气化制甲醇实训指导书

MEI QIHUA ZHIJIACHUN SHIXUN ZHIDAOSHU

马秀英　孙秀华　编
曹海燕　主审

化学工业出版社

·北京·

内容简介

《煤气化制甲醇实训指导书》介绍了煤气化制甲醇工艺仿真系统的操作方法,包括空分、气化、变换、低温甲醇洗、合成、精制等工段的基本原理及开停车操作规程,并配有带控制点的工艺流程图,能够充分满足学生进行课程设计、工艺学习、实习实训等教学环节的要求。

本书可作为高等职业院校煤化工相关专业的师生教学用书,也可供煤化工企业一线员工参考。

图书在版编目（CIP）数据

煤气化制甲醇实训指导书/马秀英,孙秀华编.—北京:化学工业出版社,2022.10
高等职业教育教材
ISBN 978-7-122-42564-5

Ⅰ.①煤… Ⅱ.①马…②孙… Ⅲ.①煤气化-甲醇-生产工艺-高等职业教育-教材 Ⅳ.①TQ223.12

中国版本图书馆 CIP 数据核字（2022）第 212780 号

责任编辑：王海燕　提　岩　　　　　　文字编辑：张瑞霞
责任校对：边　涛　　　　　　　　　　装帧设计：李子姮

出版发行：化学工业出版社（北京市东城区青年湖南街 13 号　邮政编码 100011）
印　　装：中煤（北京）印务有限公司
787mm×1092mm　1/16　印张 15　字数 373 千字　2024 年 3 月北京第 1 版第 1 次印刷

购书咨询：010-64518888　　　　　　　　售后服务：010-64518899
网　　址：http://www.cip.com.cn
凡购买本书,如有缺损质量问题,本社销售中心负责调换。

定　价：58.00 元　　　　　　　　　　　　　　　　　　版权所有　违者必究

为了尽可能地满足"教、学、训、检、考"一体的实训/培训要求，保证教学资源的先进性和代表性，青海柴达木职业技术学院与北京东方仿真软件技术有限公司合作开发建设了煤制甲醇生产工艺仿真实训教学中心。利用因特网技术、仿真培训（软件操作＋仿真工厂）等众多现代化的培训方法和手段，再结合传统的教学培训，构建起崭新的教学培训框架和体系。仿真实训教学中心以"学员"操作为主，教师指导为辅，力求贴近"工厂环境"，将企业的需求直接转化成教学内容的设置安排，体现岗位职业化需求。

本书介绍了煤气化制甲醇仿真工厂的操作方法，包括空分、气化、变换、低温甲醇洗、合成、精制等工段的基本原理及开停车操作规程，将煤制甲醇工艺进行项目化重构，突出了教学内容的实用性及实践性，能够充分满足课程设计、工艺学习、实习实训等教学环节的要求，以职业能力为本位，符合工作过程逻辑。

本教材由马秀英、孙秀华编写，曹海燕主审。其中项目一、项目六、项目七由孙秀华完成，项目二、项目三、项目四、项目五由马秀英完成。

在编写过程中，北京东方仿真软件技术有限公司提供了部分资料并提出了宝贵的意见，在此表示衷心的感谢。

由于仿真实践性强，编者水平有限，书中难免有不足之处，恳请广大读者批评指正。

编者
2022 年 9 月

目录

项目一　甲醇企业危险源辨识

| 任务一　甲醇生产工艺认识 | 2 | 任务三　甲醇企业危险应急演练 | 17 |
| 任务二　甲醇企业危险源辨识 | 7 | | |

项目二　空气的分离

任务一　梳理工艺流程	26	任务四　调整工艺指标	47
任务二　认识空分设备	35	任务五　正常停车操作	53
任务三　冷态开车操作	39	任务六　事故判断及处理	59

项目三　原料气制备

任务一　梳理工艺流程	64	任务四　调整工艺指标	87
任务二　认识气化设备	73	任务五　正常停车操作	93
任务三　冷态开车操作	77	任务六　事故判断及处理	99

项目四　一氧化碳变换

任务一　梳理工艺流程	104	任务四　调整工艺指标	121
任务二　认识变换设备	111	任务五　正常停车操作	125
任务三　冷态开车操作	115	任务六　事故判断及处理	131

项目五　低温甲醇洗

任务一	梳理工艺流程	136	任务四	调整工艺指标	161
任务二	认识甲醇洗设备	147	任务五	正常停车操作	167
任务三	冷态开车操作	153	任务六	事故判断及处理	173

项目六　甲醇合成

任务一	梳理工艺流程	178	任务三	进行甲醇合成生产	189
任务二	认识设备和工艺参数	185			

项目七　粗甲醇的精制

任务一	梳理工艺流程	205	任务三	进行精甲醇生产	221
任务二	认识设备和工艺参数	213			

参考文献

配套二维码数字资源一览

序号	资源名称	页码
1	空气分离制备置换气:氮气	35
2	离心泵的结构及工作原理	35
3	认识除尘设备及工作原理	35
4	原料气制备流程彩图	65
5	气化炉系统流程彩图	67
6	U.G.I型水煤气发生炉	73
7	淬冷型德士古气化炉	73
8	热回收型德士古气化炉	73
9	CO变换催化剂	104
10	温度与温标	121
11	煤气的湿法脱硫:湿式氧化法	136
12	煤气的干法脱硫:氧化锌法	136
13	煤气干法脱硫的特点	137
14	吸收解吸的单元操作	147
15	甲醇合成反应步骤	178
16	甲醇合成工段流程彩图	179
17	甲醇合成塔	185
18	甲醇分离器	185
19	甲醇合成工艺的影响因素	186
20	甲醇生产的安全防护	189
21	甲醇生产中离心泵的事故分析	200
22	粗甲醇的组成	205
23	精馏的工作原理及设备	205
24	甲醇精制工段主要设备	213
25	甲醇精制的影响因素	214
26	精馏整体开车过程	221
27	精馏的操作过程	221

项目一　　甲醇企业危险源辨识

项目任务

甲醇生产从原料开始到半成品和产品以及副反应生成物都存在有毒、易燃、易爆、易腐蚀等危险因素；同时生产过程又是在高温高压下进行，如合成甲醇低压法在 5MPa、高压法在 30MPa 下进行；生产工艺连续性强，操作比较严格。因此在生产过程中应高度重视安全生产。

了解甲醇企业的危险源及危险源对身体有哪些伤害，了解甲醇企业安全管理规定，掌握应急处理知识。

项目目标

基本目标：学会对甲醇企业危险源伤害的应急处理，学会正确避免危险源对身体的伤害。

拓展目标：培养安全操作意识，形成"慎独"的职业素养，培养在班组协作中的团队精神。

任务一　甲醇生产工艺认识

任务描述

通过对煤制甲醇仿真工厂整体工艺的分析，了解甲醇生产企业的主要工段及任务，明白生产甲醇的意义。

任务目标

知识：掌握甲醇生产的整体工艺，分清甲醇生产工段。
技能：能够准确描述煤制甲醇生产过程，学会甲醇的整体工艺流程绘制。
素养：培养对化工企业的认同感，培养化工职业荣誉感。

必备知识

一、甲醇产品简介

甲醇是最简单的饱和醇，分子式为CH_3OH，分子量32.04，常温常压下，有类似乙醇气味，是无色、透明、易挥发、易流动的可燃液体。甲醇易燃，其蒸气与空气可形成爆炸性混合物；遇明火、高热能引起燃烧爆炸；与氧化剂接触发生化学反应或引起燃烧；能在较低处扩散到相当远的地方，遇明火会引着回燃。在火场中，受热的甲醇容器有爆炸危险。

二、甲醇的用途

甲醇是基本有机原料之一，主要用于制造甲醛、乙酸、氯甲烷、甲胺和硫酸二甲酯等多种有机产品，也用作涂料、虫胶、油墨、胶黏剂、染料、生物碱、醋酸纤维素、硝酸纤维素、乙基纤维素、聚乙烯醇缩丁醛等的溶剂；是制造农药、医药、塑料、合成纤维及有机化工产品如甲醛、甲胺、氯甲烷、硫酸二甲酯等的原料。其他用作汽车防冻液、金属表面清洗剂和酒精变性剂等；是重要的燃料，可掺入汽油替代燃料使用；用作分析试剂，如作溶剂、甲基化试剂、色谱分析试剂。

三、煤制甲醇原理

煤制甲醇以煤与焦炭为制造甲醇粗原料气的主要固体燃料，用煤和焦炭制甲醇的工艺路线包括燃料的气化、气体的脱硫、变换、脱碳、甲醇洗及甲醇合成与精制。合成气（CO、CO_2和H_2）为原料合成甲醇的主要化学反应式如下：

$$CO + 2H_2 \Longrightarrow CH_3OH + \Delta H_1 \qquad \Delta H_1(298℃) = -90.8 \text{kJ/mol}$$
$$CO_2 + 3H_2 \Longrightarrow CH_3OH + H_2O + \Delta H_2 \qquad \Delta H_2(298℃) = -49.6 \text{kJ/mol}$$

四、煤制甲醇工艺简介

用煤和焦炭制甲醇的工艺路线包括空气分离、燃料的气化、气体的脱硫、变换、脱碳、甲醇洗及甲醇合成与精制。

（1）空分工段　首先将空气液化，再利用氧、氮和氩的沸点的不同，在精馏塔内让温度较高的蒸汽与温度较低的液体不断相互接触，液体中的氮较多地蒸发，气体中的氧较多地冷凝，以此实现氧、氮的分离。氩的沸点处于氧、氮之间，在精馏塔中氩富集区抽取部分氩馏分，通过制氩系统得到产品氩，最终得到氧气、氮气、液氧和液氩，并为其他工段提供氮气、氧气、仪表气、工厂风等公用工程气。

（2）气化工段　以原料煤、水、水煤浆添加剂为原料，研磨制成高浓度、低黏度、稳定性较好的、易于泵送的水煤浆。水煤浆与氧气通过烧嘴混合后在气化炉内进行部分氧化还原反应，生产出以 CO、H_2 为主要成分的水煤气，经洗涤后送入变换工段。

（3）变换工段　本岗位的任务是自气化来的水煤气通过变换反应，将水煤气中的一氧化碳与水蒸气在变换催化剂的作用下发生化学反应，转化为氢和二氧化碳，同时将部分有机硫转化成 H_2S，变换气送至低温甲醇洗工序。

（4）低温甲醇洗　低温甲醇洗是一种典型的物理吸收过程。利用低温下极性的甲醇溶剂对极性分子 CO_2、H_2S 等酸性气体有强的溶解能力，而对 H_2、CH_4、N_2 等非极性气体的溶解能力很弱的特点，实现对变换气中的 CO_2、H_2S 等酸性气体的脱除，生成合格净化气，满足甲醇合成工段的要求。

（5）合成工段　将低温甲醇洗送来的净化气，在一定压力、温度及催化剂作用下生成甲醇，送至甲醇精制工段。同时将甲醇生产中的反应热用于副产饱和蒸汽输送至管网。

（6）精制工段　通过精馏与萃取精馏工艺，在预精馏塔中脱除粗甲醇中的二甲醚、醛类、二氧化碳等轻组分，在预塔回流槽中萃取烷烃油；脱除水、乙醇、杂醇等其他重组分，生产出高品质的精甲醇。

任务实施

一、任务准备

（1）根据现场情况选择合适的安全防护用品。
（2）根据任务目标进行人员的分工安排。
（3）准备相应的工作报告记录卡。

二、实施要点

（1）组员分工明确。
（2）防护用品使用合理。
（3）梳理工段，绘制整体工艺流程框图。

绘制甲醇生产的工艺框线流程

任务评价

工作报告

班级：　　　　　　姓名：　　　　　　学号：　　　　　　成绩：

工作任务	
任务目标	
任务准备	
任务实施	
注意事项	
学习与思考	

任务二 甲醇企业危险源辨识

任务描述

通过对煤制甲醇仿真工厂整体工艺的分析，了解甲醇企业的危险源及危险源对身体的伤害，学会对甲醇企业危险源伤害的应急处理。

任务目标

知识：掌握甲醇生产的整体工艺，识别甲醇企业的危险源。
技能：能够准确描述煤制甲醇生产过程，学会正确避免危险源伤害身体。
素养：培养安全操作意识，形成"慎独"的职业素养。

必备知识

煤制甲醇装置是在高温中压下操作，所使用的原料和产品是易燃易爆，有毒有害气体。装置中还使用了氮气、蒸汽等危险性介质。在生产过程中容易发生火灾、爆炸以及窒息、中毒、灼伤等职业危害。因此在设计、安装、制造以及生产过程中必须采取必要的安全措施，确保变换装置安全、稳定运行。表1-1列出了甲醇工艺中主要的危险源物质及针对性的个人防护措施。

表 1-1 煤制甲醇企业的主要危险源

序号	物质名称	项目	内容
1	氮气	理化性质	临界温度($℃$):-147;临界压力(MPa):3.40
			熔点($℃$):-209.8;沸点($℃$):-195.6
			相对密度(水为1):0.81($-196℃$);相对密度(空气为1):0.97
		危险特性	惰性气体,有窒息性,在密闭空间内可致人窒息死亡。若遇高热,容器内压增大,有开裂和爆炸的危险
			稳定性:稳定;燃烧性:不燃
			灭火方法:不燃。切断气源。喷水冷却容器,可能的话将容器从火场移至空旷处
		健康危害	氮气过量,使氧分压下降,会导致缺氧。大气压力为392kPa时表现为爱笑和多言,对视、听和嗅觉刺激迟钝,智力活动减弱;在980kPa时,肌肉运动严重失调。潜水员深潜时,可发生氮的麻醉作用
		个体防护	侵入途径:吸入
			吸入:迅速脱离现场至空气新鲜处。保持呼吸道通畅。呼吸困难时输氧。呼吸停止时,立即进行人工呼吸,就医
			呼吸系统防护:高浓度环境中,佩戴供气式呼吸器
			其他防护:避免高浓度吸入。进入罐或其他高浓度氮气区作业,须有人监护
		泄漏应急处理	迅速撤离泄漏污染区人员至上风处,并隔离污染区直至气体散尽,建议应急处理人员戴自给式呼吸器,穿相应的工作服。切断气源,通风对流,稀释扩散。漏气容器不能再用,且要经过技术处理以清除可能剩下的气体

续表

序号	物质名称	项目	内容
2	氢气	理化性质	临界温度(℃):-240;临界压力(MPa):1.30
			熔点(℃):-259.2;沸点(℃):-252.8
			闪点(℃):<-50
			相对密度(水为1):0.07(-252℃);相对密度(空气为1):0.07
			爆炸下限(体积分数,%):4.1;爆炸上限(体积分数,%):74.1
		危险特性	与空气混合能形成爆炸性混合物,遇明火、高热能引起燃烧爆炸。气体比空气轻,在室内使用和储存时,漏气上升滞留屋顶,不易排出,遇火星会引起爆炸。与氟、氯等能发生剧烈的化学反应
			燃烧性:易燃;稳定性:稳定;建筑火险分级:甲
			灭火方法:切断气源。若不能立即切断气源,则不允许熄灭正在燃烧的气体。喷水冷却容器,可能的话将容器从火场移至空旷处。灭火剂:雾状水、二氧化碳
		健康危害	在很高的浓度时,由于正常氧分压的降低造成窒息;在很高的分压下,可出现麻醉作用
		个体防护	侵入途径:吸入
			吸入:迅速脱离现场至空气新鲜处。保持呼吸道通畅。呼吸困难时输氧。呼吸停止时,立即进行人工呼吸。就医
			呼吸系统防护:高浓度环境中,佩戴供气式呼吸器或自给式呼吸器
			其他防护:工作现场严禁吸烟。避免高浓度吸入。进入罐内或其他高浓度区作业,须有人监护
		泄漏应急处理	迅速撤离泄漏污染区人员至上风处,并隔离污染区直至气体散尽,切断火源。建议应急处理人员戴自给式呼吸器,穿一般消防防护服。切断气源,抽排(室内)或强力通风(室外)。如有可能,将漏出气用排风机送至空旷地方或装设适当喷头烧掉。漏气容器不能再用,且要经过技术处理以清除可能剩下的气体
3	一氧化碳	理化性质	临界温度(℃):-140.2;临界压力(MPa):3.50
			熔点(℃):-199.1;沸点(℃):-191.4;闪点(℃):<-50
			相对密度(水为1):0.79;相对密度(空气为1):0.97
			爆炸下限(体积分数,%):12.5;爆炸上限(体积分数,%):74.2
		危险特性	与空气混合能形成爆炸性混合物,遇明火、高热能引起燃烧爆炸。若遇高热,容器内压增大,有开裂和爆炸的危险
			燃烧性:易燃;稳定性:稳定;建筑火险分级:乙
			灭火方法:切断气源。若不能立即切断气源,则不允许熄灭正在燃烧的气体。喷水冷却容器,可能的话将容器从火场移至空旷处。灭火剂:雾状水、泡沫、二氧化碳
		健康危害	一氧化碳在血液中与血红蛋白结合而造成组织缺氧。急性中毒:轻度中毒者出现头痛、头晕、耳鸣、心悸、恶心、呕吐、无力;中度中毒者除上述症状外,还有面色潮红、口唇樱红、脉快、烦躁、步态不稳、意识模糊,可有昏迷,重度患者昏迷不醒、瞳孔缩小、肌张力增加、频繁抽搐、大小便失禁等;深度中毒可致死。慢性影响:长期反复吸入一定量的一氧化碳可致神经和心血管系统损害

续表

序号	物质名称	项目	内容
3	一氧化碳	个体防护	侵入途径:吸入
			吸入:迅速脱离现场至空气新鲜处。呼吸困难时输氧。呼吸及心跳停止者立即进行人工呼吸和心肺复苏术,就医
			呼吸系统防护:空气中浓度超标时,必须佩戴防毒面具。抢救或逃生时,建议佩戴正压自给式呼吸器
			其他防护:工作现场严禁吸烟。罐或其他高浓度区进行作业前要定期检修。进入作业时须有人监护
		泄漏应急处理	迅速撤离泄漏污染区人员至上风处,并隔离污染区直至气体散尽,切断火源。建议应急处理人员戴正压自给式呼吸器,穿一般消防防护服。切断气源,喷雾状水稀释、溶解,抽排(室内)或强力通风(室外)。如有可能,将漏出气用排风机送至空旷地方或装设适当喷头烧掉。也可以用管路导至炉中、凹地焚之。漏气容器不能再用,且要经过技术处理以清除可能剩下的气体
4	甲烷	理化性质	临界温度(℃):-82.6;临界压力(MPa):4.59
			熔点(℃):-182.5;沸点(℃):-161.5;闪点(℃):-188
			相对密度(水为1):0.42/-164℃;相对密度(空气为1):0.55
			爆炸下限(体积分数,%):5.3;爆炸上限(体积分数,%):15
		危险特性	空气混合能形成爆炸性混合物,遇明火、高热能引起燃烧爆炸。与氟、氯等能发生剧烈的化学反应。若遇高热,容器内压增大,有开裂和爆炸的危险
			燃烧性:易燃;稳定性:稳定;建筑火险分级:甲
			禁忌物:强氧化剂、氟、氯
			灭火方法:切断气源。若不能立即切断气源,则不允许熄灭正在燃烧的气体。喷水冷却容器,可能的话容器从火场移至空旷处。灭火剂:雾状水、泡沫、二氧化碳
		健康危害	空气中甲烷浓度过高,能使人窒息。当空气中甲烷达25%～30%时,可引起头痛、头晕、乏力、注意力不集中、呼吸和心跳加速、精细动作障碍等,甚至因缺氧而窒息、昏迷
		个体防护	侵入途径:吸入;皮肤接触:若有冻伤,就医治疗
			吸入:迅速脱离现场至空气新鲜处。注意保暖,呼吸困难时输氧。呼吸及心跳停止者立即进行人工呼吸和心肺复苏术,就医
			呼吸系统防护:高浓度环境中,佩戴供气式呼吸器
			其他防护:工作现场严禁吸烟。避免长期反复接触。进入罐内或其他高浓度区作业,须有人监护
		泄漏应急处理	迅速撤离泄漏污染区人员至上风处,并隔离污染区直至气体散尽,切断火源。建议应急处理人员戴自给式呼吸器,穿一般消防防护服。切断气源,喷雾状水稀释、溶解,抽排(室内)或强力通风(室外)。如有可能,将漏出气用排风机送至空旷地方或装设适当喷头烧掉。也可以将漏气的容器移至空旷处,注意通风。漏气容器不能再用,且要经过技术处理以清除可能剩下的气体

续表

序号	物质名称	项目	内容
5	二氧化碳	理化性质	临界温度(℃):31;临界压力(MPa):7.39
			熔点(℃):-56.6/527kPa;沸点(℃):-78.5(升华)
			相对密度(水为1):1.56(-79℃);相对密度(空气为1):1.53
		危险特性	窒息性气体,在密闭容器内可致人窒息死亡。若遇高热,容器内压增大,有开裂和爆炸的危险
			燃烧性:不燃;稳定性:稳定;建筑火险分级:戊
			灭火方法:不燃。切断气源。喷水冷却容器,可能的话将容器从火场移至空旷处
		健康危害	在低浓度时,对呼吸中枢呈兴奋;高浓度时则引起抑制作用,更高浓度时还有麻醉作用。中毒机制中还兼有缺氧的因素。急性中毒:人进入高浓度二氧化碳环境,在几秒钟内迅速昏迷倒下,反射消失,瞳孔扩大或缩小、大小便失禁、呕吐等,更严重者出现呼吸停止及休克,甚至死亡。慢性中毒,在生产中是否存在,目前无定论。固态(干冰)和液态二氧化碳在常压下迅速汽化,造成局部低温,可引起皮肤和眼睛严重的低温灼伤
		个体防护	侵入途径:吸入
			皮肤接触:若有皮肤冻伤,先用温水洗浴,再涂抹冻伤软膏,用消毒纱布包扎。就医
			眼睛接触:立即提起眼睑,用大量流动清水或生理盐水冲洗。就医
			吸入:迅速脱离现场至空气新鲜处。呼吸困难时给输氧。呼吸停止时,立即进行人工呼吸。如有条件给高压氧治疗
			呼吸系统防护:高浓度环境中,建议佩戴空气式呼吸器
			其他防护:避免高浓度吸入。进入罐或其他高浓度区作业,须有人监护
		泄漏应急处理	迅速撤离泄漏污染区人员至上风处,并隔离污染区直至气体散尽,建议应急处理人员戴自给式呼吸器,穿相应的工作服。切断气源,然后抽排(室内)或强力通风(室外)。漏气容器不能再用,且要经过技术处理以清除可能剩下的气体
6	氢氧化钠	理化性质	外观与性状:白色不透明固体,易潮解;液碱为无色或略带暗红色的黏稠状液体
			熔点(℃):318.4;沸点(℃):1390
			相对密度(水为1):2.12
			溶解性:易溶于水、乙醇、甘油,不溶于丙酮
		危险特性	与酸发生中和反应并放热。遇潮时对铝、锌和锡有腐蚀性,并放出易燃易爆的氢气。本品不会燃烧,遇水和水蒸气大量放热,形成腐蚀性溶液。具有腐蚀性
			避免接触的条件:潮湿的空气;稳定性:稳定
			禁忌物:强酸、易燃或可燃物、二氧化碳、过氧化物、水
			灭火方法:用水、砂土扑救,但须防止物品遇水产生飞溅,造成灼伤
		健康危害	本品有强烈刺激和腐蚀性。粉尘刺激眼和呼吸道,腐蚀鼻中隔;皮肤和眼直接接触可引起灼伤;误服可造成消化道灼伤,黏膜糜烂、出血和休克

续表

序号	物质名称	项目	内容
6	氢氧化钠	个体防护	侵入途径:吸入、食入
			皮肤接触:立即脱去被污染的衣着,用大量流动清水冲洗至少15min。就医
			眼睛接触:立即提起眼睑,用大量流动清水或生理盐水彻底冲洗至少15min。就医
			吸入:迅速脱离现场至空气新鲜处。保持呼吸道通畅。如呼吸有困难,输氧。如呼吸停止,立即进行人工呼吸。就医
			食入:误服者用水漱口,给饮牛奶或蛋清。就医
			呼吸系统防护:可能接触其粉尘时,必须佩戴头罩型电动送风过滤式防尘呼吸器。必要时戴空气呼吸器。
			眼睛防护:呼吸防护中已作防护。身体防护:穿橡胶耐酸碱服。手防护:戴橡胶耐酸碱手套
			其他:工作场所禁止吸烟、进食和饮水,饭前要洗手。工作毕,淋浴更衣。注意个人卫生清洁
		泄漏应急处理	隔离泄漏污染区,限制出入。建议应急处理人员戴自给式呼吸器,穿防酸碱工作服。不要直接接触泄漏物。小量泄漏:避免扬尘,用洁净的铲子收集于干燥、洁净、有盖的容器中。也可用大量水冲洗,洗水稀释后排入废水系统。大量泄漏:收集回收或运至废物处理场所处置
7	硫化氢	理化性质	熔点(℃):-85.5;沸点(℃):-60.4;闪点(℃):<-50
			相对密度(空气为1):1.19;自燃温度(℃):260
			爆炸下限(体积分数,%):4.0;爆炸上限(体积分数,%):46.0
		危险特性	燃烧性:易燃;稳定性:稳定 建筑火险分级:甲
			禁忌物:强氧化剂、碱类;燃烧(分解)产物:氧化硫
			与空气混合能形成爆炸性混合物,遇明火、高热能引起燃烧爆炸。若遇高热,容器内压增大,有开裂和爆炸的危险
			灭火方法:切断气源。若不能立即切断气源,则不允许熄灭正在燃烧的气体。喷水冷却容器,可能的话将容器从火场移至空旷处。灭火剂:雾状水、泡沫
		健康危害	本品是强烈的神经毒物,对黏膜有强烈的刺激作用。高浓度时可直接抑制呼吸中枢,引起迅速窒息而死亡。当浓度为70~150mg/m³时,可引起眼结膜炎、鼻炎、咽炎、气管炎;浓度为700mg/m³时,可引起急性支气管炎和肺炎;浓度为1000mg/m³以上时,可引起呼吸麻痹,迅速窒息而死亡。长期接触低浓度的硫化氢,引起神经衰弱综合征及植物神经紊乱等症状
		个体防护	侵入途径:吸入,经皮吸收
			皮肤接触:脱去污染的衣着,立即用流动清水彻底冲洗
			眼睛接触:立即提起眼睑,用流动清水冲洗10min用2%碳酸氢钠溶液冲洗。就医
			呼吸系统防护:空气中浓度超标时,必须佩戴防毒面具。紧急事态抢救或逃生时,建议佩戴正压自给式呼吸器
			眼睛防护:戴化学安全防护眼镜
			其他防护:工作现场禁止吸烟、进食和饮水。工作后,淋浴更衣。保持良好的卫生习惯。进入罐内或其他高浓度区作业,须有人监护
		泄漏应急处理	迅速撤离泄漏污染区人员至上风处,并隔离污染区直至气体散尽,切断火源。建议应急处理人员戴自给式呼吸器,穿一般消防防护服。切断气源,喷雾状水稀释、溶解,注意收集并处理废水。抽排(室内)或强力通风(室外)。如有可能,将残余气或漏出气用排风机送至水洗塔或与塔相连的通风橱内或使其通过三氯化铁水溶液,管路装止回装置以防溶液吸回。漏气容器不能再用,且要经过技术处理以清除可能剩下的气体

任务实施

一、任务准备

(1) 根据现场情况选择合适的安全防护用品。
(2) 根据任务目标进行人员的分工安排。
(3) 准备相应的工作报告记录卡。

二、实施要点

(1) 组员分工明确。
(2) 防护用品使用合理。
(3) 按照工段寻找危险源。
(4) 梳理危险源,制备危险源标识牌。

三、制作危险标识

生产装置能够安全、稳定地运行,是以操作人员娴熟可靠的操作和管理技术人员的科学管理及技术支持为基础。确保人身安全在变换装置生产过程中是至关重要的,这就要求从事生产的每一位员工都必须熟练掌握装置生产工艺特点,以及生产过程中产生的各种有毒有害物质的性质、急救方法及安全防护等方面的知识。图1-1是甲醇企业常见的危险源及应急处理方式,请同学们进入煤制甲醇仿真工厂,按照工段进行分组,仔细识别自己所在工段的危险源并完成工作报告。

	健康危害	理化特性
甲醇 Methanol; Methyl alcohol	可经吸入、食入、皮肤吸收等途径侵入人体。可致中枢神经系统麻醉、视神经及视网膜病变、代谢性酸中毒。短期大量吸入出现轻度醉及呼吸道刺激症状(口服有胃肠道刺激症状),经一段时间潜伏期后出现头痛、头晕、乏力、眩晕、酒醉感、意识朦胧、谵妄,甚至昏迷。视神经及视网膜病变,重者失明。	无色透明流体,略有酒精气味。能与水及许多有机溶剂相混溶。遇热、明火或氧化剂易着火。遇明火易爆炸。
当心中毒 	应急处理 皮肤接触:脱去污染的衣着,用肥皂水和清水彻底冲洗皮肤。 眼睛接触:提起眼睑,用流动清水或生理盐水冲洗。就医。 吸　入:迅速脱离现场至空气新鲜处。保持呼吸道通畅。如呼吸困难,给输氧。如呼吸停止,立即进行人工呼吸。就医。 食　入:饮足量温水,催吐。用清水或1%硫代硫酸钠溶液洗胃。就医。	
	注意防护 	

(a) 甲醇

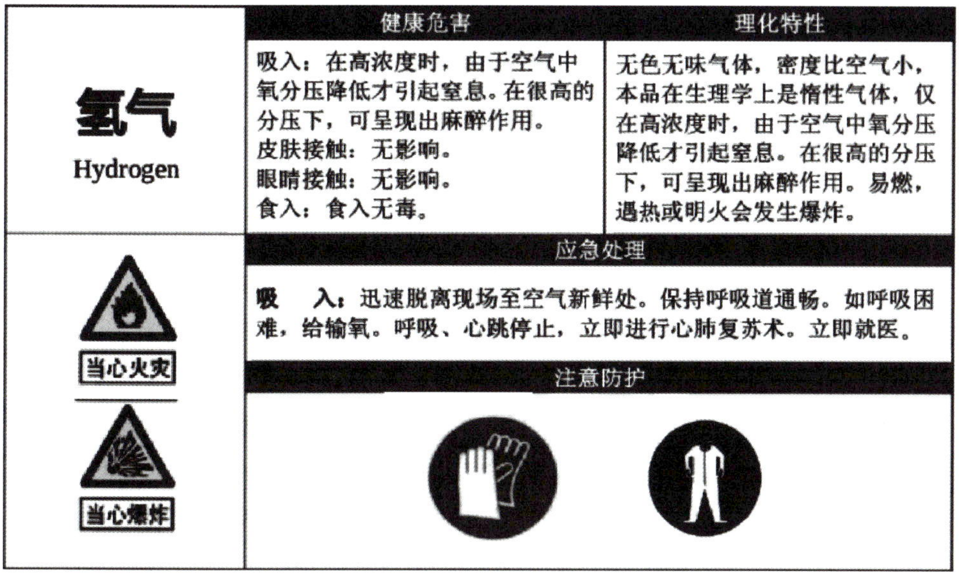

	健康危害	理化特性
氢气 Hydrogen	吸入：在高浓度时，由于空气中氧分压降低才引起窒息。在很高的分压下，可呈现出麻醉作用。 皮肤接触：无影响。 眼睛接触：无影响。 食入：食入无毒。	无色无味气体，密度比空气小，本品在生理学上是惰性气体，仅在高浓度时，由于空气中氧分压降低才引起窒息。在很高的分压下，可呈现出麻醉作用。易燃，遇热或明火会发生爆炸。
当心火灾 当心爆炸	应急处理	
	吸 入：迅速脱离现场至空气新鲜处。保持呼吸道通畅。如呼吸困难，给输氧。呼吸、心跳停止，立即进行心肺复苏术。立即就医。	
	注意防护	

(b) 氢气

图 1-1 甲醇企业常见危险源及应急处理方式

任务评价

工作报告

班级：　　　　　姓名：　　　　　学号：　　　　　成绩：

工作任务	
任务目标	
任务准备	
任务实施	
注意事项	
学习反思	

任务三　甲醇企业危险应急演练

任务描述

通过对煤制甲醇仿真工厂中危险事故的演练，掌握发生危险时的主要应急措施及熟悉应急流程，学会处理应急事件。

任务目标

知识：掌握应急预案的书写方式；熟悉甲醇企业发生危险的应急处理措施。
技能：能够执行甲醇企业发生危险的应急处理流程。
素养：具备安全意识、规范意识，实事求是，培养应急能力。

必备知识

一、普通事故类型及应对措施

1. 触电

由于电气设备绝缘损坏、违章作业、安全措施不完善等原因，可能出现导致人员触电，存在人员触电死亡的危险性。

应对措施：①立即拉掉开关，切断电源。②如电源开关距离太远，用绝缘良好的钳子或用木柄的斧子断开电源线。③用木板等绝缘物插入触电者身下，以隔断流经人体的电流。④用干燥的衣服、手套、绳索、木板、木桥等绝缘物作为工具，拉开触电者及挑开电线使触电者脱离电源。

注意事项：①救护人不可直接用手或其他金属及潮湿的构件作为救护工具，而必须使用适当的绝缘工具。救护人要用一只手操作，以防自己触电。②防止触电者脱离电源后可能的摔伤。特别是当触电者在高处的情况下，应考虑防摔措施。即使触电者在平地，也要注意触电者倒下的方向，注意防摔。③如事故发生在夜间，应迅速解决临时照明，以利于抢救，并避免扩大事故。

现场急救：①当触电者脱离电源后，应根据触电者的具体情况，迅速采取对症救护。②触电者伤势不重，应使触电者安静休息，不要走动，严密观察并请医务人员处理或送往医院。③触电者失去知觉，但心脏跳动和呼吸还存在，应使触电者舒适、安静地平卧，周围不要围人，使空气流通，解开衣服以利其呼吸。同时，要速请医务员处理并送往医院。④触电者呼吸困难、缺氧，或发生痉挛，速请医务员处理并协同值班车送往医院，途中应注意心跳或呼吸，如突然停止，立刻进行人工呼吸和胸外按压。⑤如果触电者伤势严重，呼吸及心脏停止，应立即施行人工呼吸和胸外按压，并速请医务员处理并协同值班车送往医院。

2. 爆炸

净化生产过程中甲醇泄漏燃烧爆炸事故、变换炉超压爆炸事故，由于操作失误、操作不细致未及时发现等原因，可能导致合成塔、变换炉爆炸以及净化设备损坏的操作事故。

应对措施：爆炸产生火灾及有毒有害气体时，保障组立即利用储备的消防器材对火灾进行扑救，针对不同的燃烧体采用窒息法、冷却法、隔离法等有效灭火方法，组织人员迅速转移危险区域内的易燃、易爆物品，以免引起二次爆炸；协助救护组救助伤员；配合应急小组灭火。

疏散员工，爆炸现场警戒，疏导交通，保证消防车、救护车的畅通，确保救护工作顺利进行。救护组对伤员进行初步急救，并负责转送当地医院做好救护。

3. 火灾

部分泄漏物料与空气形成的混合气体在一定条件下可能产生火灾、爆炸。若发生爆炸事故，可能造成重大人员伤亡和财产损失。

当生产装置发生火灾事故时，在场操作者应迅速采取以下措施：①迅速查清着火部位、着火物质及来源，准确关闭有关阀门，切断物料来源及加热源；开启消防设施，进行冷却或隔离；关闭通风装置，防止火势蔓延。②压力容器内物料泄漏引起的火灾，应切断进料并及时开启泄压阀门，进行紧急排空。③发生火灾后，应迅速组织人员对装置采取准确的工艺措施，利用现有的消防设施及灭火器材进行灭火。若火势一直难以扑灭，要采取防止火势蔓延的措施，保护要害部位，转移危险物质。当电气设备着火时，应注意现场周围可能存在的较高的接触电压和跨步电压。同时还有一些设备着火受热后易引起爆炸事故，使火势扩大。扑救时的安全措施：扑救电气火灾时，应首先切断电源，然后进行后续的灭火处理。

人身着火多是由于工作场所发生火灾、爆炸事故或扑救火灾引起的。也有对易燃物使用不当明火引起的。当人身着火时，可采取以下措施进行扑救：如衣服着火不能及时扑灭，应迅速脱去衣服，防止烧伤皮肤。切记不可跑动，否则风助火势会造成严重后果，有条件用水灭火效果更好。采用灭火器扑救人身着火时，注意尽可能不要对准面部。

火情扑灭后，做好事故现场保护。应急小组展开调查，提交事故报告。

二、事故处理预案

气化炉出口管线泄漏应急处理见表 1-2。

表 1-2　气化炉出口管线泄漏应急处理

步骤	处置	负责人
发现异常	中控室固定气体报警仪突然显示：位号为×××××的可燃气报警仪报警，控制室通过电脑监控发现 A 炉出口管线泄漏。报告班长；同时要求岗位人员现场确认	控制室人员
现场确认、报告	(1)班长、现场主操或副操佩戴空气呼吸器现场确认。 (2)向控制室报告：发现 A 炉出口管线一焊缝焊口裂开，合成气正在泄漏，存在着火爆炸风险，视情况要求中控主操进行紧急停车	发现泄漏第一人
切断泄漏源	(1)根据情况作出相应处理，停车降压，切气或停车处理。 (2)降低压力，排放火炬。 (3)关氧气入工段阀，合成气出工段阀，停车	控制室人员 班长、主操 班长、主操
报警	(1)向装置长、调度人员报告：发现 A 炉出口管线一焊缝焊口裂开。合成气正在泄漏 (2)向公司报警：发现 A 炉出口管线一焊缝焊口裂开。合成气正在泄漏及人员有无受伤情况。	控制室人员 班长
人员抢救	(1)佩戴空气呼吸器转移受伤人员 (2)持续进行急救(涂抹烫伤膏)，直到专业人员到达	班长指定人员
人员疏散	组织现场与抢险无关的人员(含施工人员)撤离	班长指定的人员

续表

步骤	处置	负责人
泄漏物的驱散	打开楼层压缩空气,加速其扩散	班长指定的人员
警戒	先封堵各路口,初步划定警戒范围,禁止无关人员和车辆进入,然后用便携式检测仪对警戒范围进行确认	班长指定的人员
接应救援	移开车辆,挂标志牌,接应消防、气防等车辆及外部应急增援力量	班长指定的人员 班组安全员
堵漏	组织维修人员进入现场堵漏	现场人员

注意:
①进入可燃气泄漏现场需佩戴空气呼吸器,非防爆小电器不得带入现场。
②人员疏散应根据风向标指示,撤离至上风口的紧急集合点,并清点人数。
③施工人员疏散时,应检查关闭现场的用火火源,切断临时用电电源。
④报警时,须讲明泄漏地点、泄漏介质、严重程度、人员伤亡情况、有无火情

任务实施

一、任务准备

（1）根据现场情况选择合适的安全防护用品。
（2）根据任务目标进行人员的分工安排。
（3）准备相应的工作报告记录卡。

二、实施要点

（1）组员分工明确。
（2）防护用品使用合理。
（3）分析主要事故发生的原因。
（4）在厂区找出相应的工段,按照指令进行规范应急处理,并填写应急演练任务单。

应急演练任务单

姓名		组别		成绩	互评	
					教师	
					总分	

演练名称				策划		

姓名	分工	
	班长	
	现场人员 A	
	现场人员 B	
	主操	
	安全员	

续表

	车间主任	
应急 知识点 归纳		

任务评价

工作报告

班级：　　　　　姓名：　　　　　学号：　　　　　成绩：

工作任务	
任务目标	
任务准备	
任务实施	
注意事项	
学习反思	

项目二　空气的分离

工段任务

空气被液化后，再利用氧、氮和氩的沸点的不同，在精馏塔内让温度较高的蒸汽与温度较低的液体不断相互接触，液体中的氮较多地蒸发，气体中的氧较多地冷凝，以此实现氧、氮的分离。氩的沸点处于氧、氮之间，在精馏塔中氩富集区抽取部分氩馏分，通过制氩系统得到产品氩，最终得到氧气、氮气、液氧、液氮和液氩，并为其他工段提供氮气、氧气、仪表气、工厂风等公用工程气。

工段目标

基本目标：能够根据空分工段的操作规程进行正确的生产，养成严谨的工作态度和精益求精的职业精神。

拓展目标：能够对主要设备、仪表进行维护和保养，熟悉常见故障及排除方法。

任务一 梳理工艺流程

任务描述

通过对煤制甲醇仿真工厂中空分工段的分析，掌握空气分离的原理，梳理空分过程的工艺流程。

任务目标

知识：掌握空分过程的作用原理；掌握空分过程的工艺流程。
技能：能够进行准确的识图制图；能够准确描述空气分离过程。
素养：具备标准意识、规范意识、实事求是、精益求精的工匠精神。

必备知识

一、工艺原理

空气是一种均匀的多组分混合气体，它的主要成分是氧、氮和氩，此外还有微量的氢及氖、氪、氙和氡等稀有气体。根据地区不同，空气中含有不定量的二氧化碳、水蒸气以及乙炔等碳氢化合物。空气中各种气体组成分别为氧（20.948%）、氮（78.086%）、氩（0.932%）及其他稀有气体。氧、氮、氩和其他物质一样，具有气、液和固三态，在常温常压下呈气态。在标准大气压下，氧被冷却到 90.188K（-179℃），氮被冷却到 77.36K（-190℃），氩被冷却到 87.29K（-185.86℃），都变成液体，氧和氮的沸点相差约 13K，氩和氮的沸点相差约 10K，这就是能够利用低温精馏法将空气分离为氧、氮和氩的基础。

空分装置采用低温法实现氧、氮和氩的分离，空气首先通过压缩、膨胀降温液化，再利用氧、氮和氩的沸点的不同，沸点低的氮相对于氧要容易气化这个特性，在精馏塔内让温度较高的蒸气与温度较低的液体不断相互接触，液体中的氮较多地蒸发，气体中的氧较多地冷凝，使上升蒸气中的含氮量不断提高，下流液体中的含氧量不断增大，以此实现氧、氮的分离。氩的沸点处于氧、氮之间，在精馏塔中氩富集区抽取部分氩馏分，通过全精馏无氢制氩系统得到产品氩。

二、工艺流程

1. 空气压缩机流程

原料空气[251000m³/h（标准状况下，余同）、0℃、0.1MPa]经自洁式过滤器（S101）除去灰尘及其他机械杂质后，进入空气压缩机（K101），压缩后（0.52MPa、<100℃）经送出阀（HV1101）送往空气预冷系统（图 2-1）。空压机出口管线上设有放空阀（PV1101），用来控制空压机出口压力。

2. 空气增压机流程

压缩空气自分子筛纯化器除去 CO_2、H_2O 及 C_2H_2 等碳氢化合物后（137000m³/h、

0.5MPa、21℃）经增压机进口阀（PV1102）进入空气增压机（K102），一段中抽仪表气（4000m³/h、1.2MPa、40℃）经调节阀（HV1102）作为仪表空气，二段中抽膨胀空气（53000m³/h、2.7MPa、40℃）进入透平膨胀机增压端，三段排气（80000m³/h、6.9MPa、40℃）经送出阀（HV1105）进入高压板翅式换热器经高压液空节流阀（HV1506）节流后（0.49MPa、－169℃）进入精馏塔下塔（图2-2）。

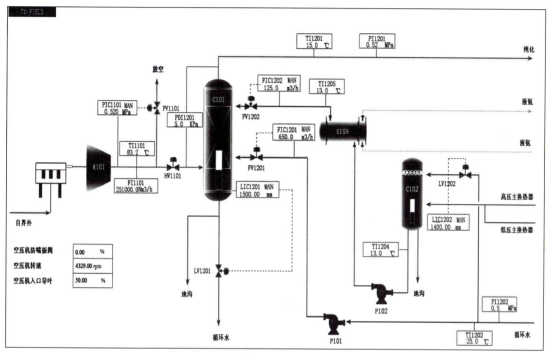

图 2-1　空气压缩与预冷流程图

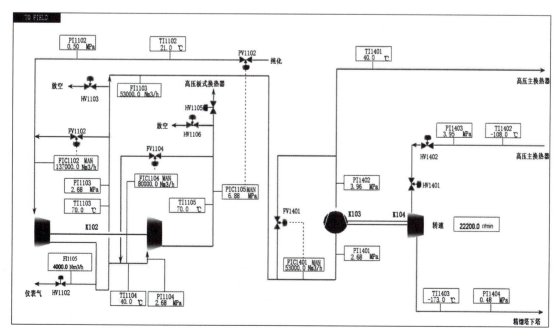

图 2-2　空气增压机流程

3. 预冷系统流程说明

如图 2-1 所示,来自空压机的压缩空气 [251000m³/h、0.52MPa、<100℃] 进入空冷塔（C101）下部,依次与冷却水和冷冻水逆流接触,进行传质传热以达到冷却的目的,并除去空气中的灰尘和一些易溶于水的气体后进入纯化系统。

循环水共分为两路,一路（650t/h、30℃）经冷却水泵（P101）提高压力后（0.85MPa）进入空冷塔下段。另一路（125t/h、13℃）通过氨冷器 E109 冷却后从水冷塔（C102）上部进入,与精馏塔返流的污氮气热质交换后,经冷冻水泵提高压力后（0.9MPa）进入空冷塔上段。两路水与空气换热后在空冷塔下部汇集后出空冷塔,污氮气则从水冷塔敞口顶部放空。

4. 纯化系统流程说明

如图 2-3 所示,出预冷系统的压缩空气（251000m³/h、0.51MPa、15℃）经分子筛纯化器（MS101A/B）除去空气中的 CO_2、H_2O 及 C_2H_2 等碳氢化合物后（0.5MPa、21℃）分为四路,第一路（101000m³/h、0.5MPa、21℃）进入低压板翅式换热器（E103）与返流的气体换热后（0.49MPa、-169℃）,进入精馏塔下塔（C103）；第二路空气（137000m³/h、0.5MPa、21℃）去空气增压机（K102）；第三路空气（4000m³/h、0.5MPa、21℃）进入空分仪表气管网,作为本装置仪表气源和自洁式过滤器的反吹气；第四路空气（9000m³/h、0.5MPa、21℃）作为全厂的工厂空气。

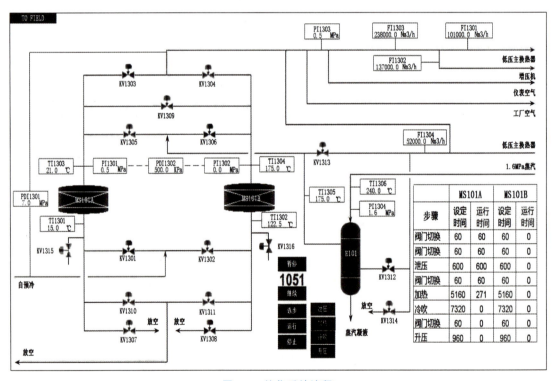

图 2-3 纯化系统流程

5. 精馏系统流程说明

（1）压缩空气 如图 2-4 所示,经分子筛纯化器（MS101A/B）除去空气中的 H_2O、CO_2 及 C_2H_2 等碳氢化合物后,部分空气（101000m³/h、0.5MPa、21℃）经低压板翅式换热器（E103）与返流的气体换热后（0.49MPa、-169℃）,进入精馏塔下塔（C103）。

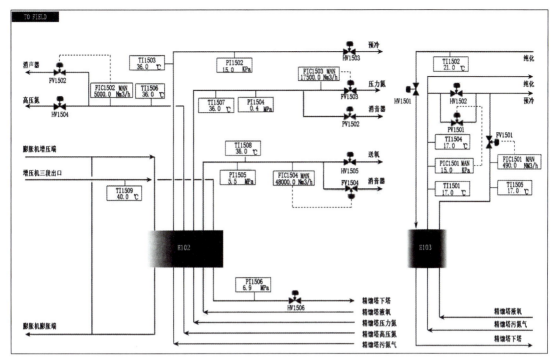

图 2-4　高、低压主换热器流程图

（2）膨胀空气　增压机二段抽取部分空气（53000m³/h、2.7MPa、40℃）经高压板翅式换热器（E102）降温后由膨胀机（K104）膨胀制冷（0.483MPa、－173℃）送入精馏塔下塔（C103）（图 2-5）。

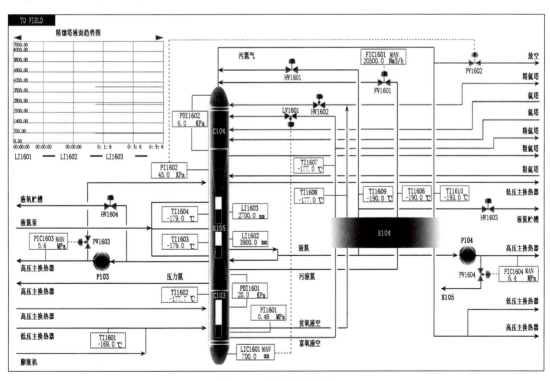

图 2-5　精馏系统流程

(3) 高压液空　增压机末级排气（80000 m³/h、6.9MPa、40℃）经高压板翅式换热器（E102）与返流气体换热，经高压空气节流阀（HV1506）节流后（0.49MPa、-169℃）进入精馏塔下塔（C103）。

(4) 富氧液空　下塔底部得到的富氧液空，经过冷器（E104）过冷后（-177℃）分成两部分，一部分经过液空节流阀（LV1601）节流后送入上塔（C104）中部作为上塔回流液。一部分通过阀门（VD1703）进入精氩蒸发器（E108）作为热源，经冷却后与阀门后（VD1704）的液空一起，通过液空调节阀（LV1701）进入粗氩冷凝器（E106）的液空侧，作为粗氩冷凝器的冷源。

(5) 贫液空　下塔中下部抽出的贫氧液空，经过冷器（E104）过冷后（-177℃）分成两部分，一部分经过液空节流阀（HV1602）节流后进入上塔作为上塔回流液。一部分通过阀门（LV1703）送入精氩塔冷凝器（E107），作为精氩塔冷凝器的冷源，气化后的液空通过调节阀（PV1701）与粗氩冷凝器中气化的液空返回上塔中部。

(6) 污液氮　下塔中上部抽出的污液氮经过冷器（E104）过冷后（20500 m³/h、-190℃），经过污液氮节流阀（FV1601）节流进入上塔，作为上塔回流液。

6. 全精馏制氩系统流程说明

如图2-6所示，由精馏塔上塔（C104）中部抽取氩馏分进入粗氩塔（C105）底部进行精馏，粗氩塔顶部冷凝器（E106）采用过冷后的富氧液空作为冷源，在粗氩冷凝器侧设置了液空液位调节阀（LV1701），以便于控制粗氩塔的负荷。粗氩气在冷凝器氩侧冷却，作为粗氩塔的回流液。在粗氩冷凝器中蒸发的液空蒸汽和未蒸发的液空返回精馏塔上塔。

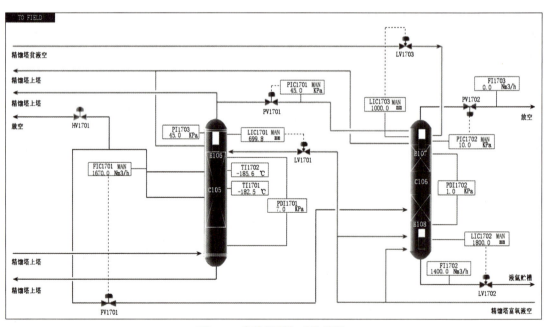

图2-6　全精馏制氩系统流程

在粗氩塔顶部引出的工艺氩气（1450 m³/h）进入精氩塔（C106）中部，作为精氩塔的上升蒸气，精氩蒸发器（E107）利用下塔来的富氧液空作为热源，使精氩塔底部的液氩蒸发成液氩蒸气，过冷后的富氧液空进入粗氩塔冷凝器。来自过冷器并经节流的贫液空进入精氩塔冷凝器（E107）作为冷源，工艺氩在冷凝器氩侧冷却，作为精氩塔的回流液，保证精馏塔内氩、氮的分离，从而在精氩塔底部得到合格的液氩产品。在精氩冷凝器中蒸发的液空蒸气和未蒸发的液空返回精馏塔上塔。

产品液氩（1400m^3/h）由精氩塔底部引出，经液氩送出阀（LV1702）进入液氩贮槽。

7. 产品气流程说明

（1）压力氮　下塔顶部抽出压力氮气（17500m^3/h、0.46MPa、-177℃），通过高压主换热器（E102）与正流空气进行换热，复热后的压力氮气（17500m^3/h、0.4MPa、36℃）经压力氮产品调节阀（FV1503）送入氮气管网。

（2）高压氮气及液氮　在冷凝蒸发器氮侧冷凝的液氮（0.46MPa、-177℃），部分经手动阀（VA1601）作为下塔回流液，部分经过冷器 E104 过冷后（-190℃），经过节流阀（HV1601）节流进入上塔，部分液氮经高压液氮泵（P104）加压至 6.4MPa 后，通过高压板翅式换热器（E102）与正流空气换热（5000m^3/h、6.3MPa、36℃），经高压氮气送出阀（HV1504）送入氮气管网。其余部分作为液氮产品（1000m^3/h、-190℃）经液氮送出阀（HV1603）送入液氮贮槽。

（3）高压氧气及液氧　在冷凝蒸发器氧侧的液氧（-179℃），在吸收气氮的冷凝潜热后，部分液氧蒸发，作为上塔的上升蒸汽，部分液氧经液氧泵（P103）抽出加压至 5.5MPa，进入高压主换热器（E102）与正流空气换热，复热气化（48000m^3/h、5.5MPa、36℃）的氧经高压氧气送出阀（HV1505）送入氧气管网。部分液氧（500m^3/h、-179℃）作为液体产品经液氧送出阀（HV1604）送入液氧贮槽。此外，在冷凝蒸发器上部抽出低压氧气，经低压主换热器与正流空气换热，复热后（0~500m^3/h、17℃）通过氧气送出阀（FV1501）进入污氮气管路，排入水冷塔。

（4）产品液氩　由精氩塔底部引出，经液氩送出阀（LV1702）进入液氩贮槽。

（5）污氮气　上塔顶部抽出的污氮气（-193℃），经过冷器与富氧液空、贫液空、液氮、污液氮换热后（-176℃）分两路，分别经高压板翅式换热器和低压板翅式换热器出冷箱。其中污氮气经高压板翅式换热器复热后（15kPa）去水冷塔（C102）与循环水进行热质交换后放空。而经低压板翅式换热器复热后（15kPa、17℃）的污氮气分两部分：一部分经调节阀（HV1502）去水冷塔（C102），一部分（52000m^3/h）直接去纯化系统，作为纯化系统的再生气。

（6）仪表空气　空分装置正常运行状态下，增压机一段中抽仪表气（4000m^3/h、1.2MPa、40℃）经调节阀（HV1102）作为仪表空气。

空分装置自用仪表气在分子筛纯化系统后经截止阀（VA1305）接入空分仪表气管网，用作空分装置各运转设备的密封气、加温气等气源。

任务实施

一、任务准备

（1）根据现场情况选择合适的安全防护用品。
（2）根据任务目标进行人员的分工安排。
（3）准备相应的工作报告记录卡。

二、实施要点

（1）组员分工明确。

（2）防护用品使用合理。

（3）分析空气分离的作用原理。

（4）梳理工艺，绘制工艺框线流程。

绘制空分工段框线流程

任务评价

工作报告

班级：　　　　　姓名：　　　　　学号：　　　　　成绩：

工作任务	
任务目标	
任务准备	
任务实施	
注意事项	
学习反思	

任务二　认识空分设备

任务描述
通过对煤制甲醇仿真工厂中空分工段的分析，根据视频资源，掌握主要设备的结构及作用原理。

空气分离制备置
换气：氮气

任务目标
知识：掌握空气分离的主要设备。
技能：能在厂区找出相应的设备。
素养：具备标准意识、规范意识、实事求是、精益求精的工匠精神。

离心泵的结构
及工作原理

必备知识
空气的分离主要由空气过滤系统、空气压缩机系统、空气预冷系统、空气净化系统、空气压缩膨胀系统、空气分离系统组成，工段包含的设备及主要作用见表 2-1。

认识除尘设备
及工作原理

表 2-1　空分工段主要设备

序号	设备位号	设备名称	主要作用
塔			
1	C101	空冷塔	空冷塔为水冷却空气,使空压机来的小于100℃的空气降到15℃以下进入纯化器
2	C102	水冷塔	水冷塔为污氮气冷却水,使循环水管线来的常温水降温后送入空冷塔
3	C103	下塔	将空气初步分离成纯氮气及富氧液空,为产品的形成打下基础
4	C104	上塔	将下塔来的液空、富氧液空、污液氮和液氮经精馏,在底部获得纯氧产品
5	C105	粗氩塔	将来自上塔氩馏分中的氧组分去除以获得含氧<2mL/m^{3}的工艺氩
6	C106	精氩塔	将来自粗氩塔工艺氩中的氮组分去除以获得含氮≤3mL/m^{3}的产品氩
换热器			
1	E101	蒸汽加热器	用蒸汽加热污氮气,污氮气被加热至150℃以上,用于加热吸附器内的吸附剂,使其再生
2	E102	高压主换热器	返流液氧、氮气、污氮气被复热至常温,正流空气被冷却及液化
3	E103	低压主换热器	返流液氧、氮气、污氮气被复热至常温,正流空气被冷却及液化
4	E104	过冷器	对低温液体进行过冷,减小节流后的汽化率
5	E105	冷凝蒸发器	供氮气冷凝和液氧蒸发用,以维持精馏塔精馏过程的进行
6	E106	辅助冷凝蒸发器	供粗氩气冷凝和富氧液空蒸发用

项目二　空气的分离 | 35

续表

序号	设备位号	设备名称	主要作用
7	E107	精氩塔冷凝器	来自过冷器并经节流的贫液空进入精氩塔冷凝器作为冷源,工艺氩在冷凝器氩侧冷却,作为精氩塔的回流液,保证精馏塔内氩、氮的分离,从而在精氩塔底部得到合格的液氩产品
8	E108	精氩塔蒸发器	利用下塔来的富氧液空作为热源,使精氩塔底部的液氩蒸发成液氩蒸汽
9	E109	氨冷器	利用液氨对冷冻水进行进一步冷却
动设备			
1	K101	空压机	为装置提供压缩空气
2	K102	增压机	为空分工艺系统提供高压空气
3	K103	膨胀机增压端	经增压机二段中抽的膨胀空气,利用膨胀机增压端加压到3.96MPa,再由高压板式换热器热质交换后进入膨胀机膨胀端进行气体膨胀(0.483MPa),以达到制取冷量的目的,为空分装置开车及运行阶段提供冷量
4	K104	膨胀机膨胀端	经增压机二段中抽的膨胀空气,利用膨胀机增压端加压到3.96MPa,再由高压板式换热器热质交换后进入膨胀机膨胀端进行气体膨胀(0.483MPa),以达到制取冷量的目的,为空分装置开车及运行阶段提供冷量
5	P101	冷却水泵	向空冷塔输送冷却水
6	P102	冷冻水泵	向空冷塔输送冷冻水
7	P103	液氧泵	对液氧进行加压,以满足氧产品对压力的需求
8	P104	液氮泵	对液氮进行加压,以满足氮产品对压力的需求
9	S101	自洁式过滤器	对空气中的固定杂质进行过滤
其他设备			
1	MS101A-B	分子筛吸附器	吸附空气中的水分、二氧化碳及乙炔等碳氢化合物,净化进入冷箱的空气

任务实施

一、任务准备

(1) 根据现场情况选择合适的安全防护用品。
(2) 根据任务目标进行人员的分工安排。
(3) 准备相应的工作报告记录卡。

二、实施要点

(1) 组员分工明确。
(2) 防护用品使用合理。
(3) 在厂区找出相应设备进行学习并标注位置。
(4) 根据本任务中的视频资源补充设备的结构介绍及作用。

空分工段主要设备结构及位置

序号	设备名称	结构	作用	位置
1				
2				
3				
4				
5				
6				
7				
8				

任务评价

工作报告

班级：　　　　　姓名：　　　　　学号：　　　　　成绩：

工作任务	
任务目标	
任务准备	
任务实施	
注意事项	
学习反思	

任务三　冷态开车操作

任务描述

通过对煤制甲醇仿真工厂中空分工段的原理、工艺等的学习后，确定岗位，进行开车操作，对空气进行分离。

任务目标

知识：掌握空分工段的仿真开车操作过程；掌握空分工段主要岗位及职责。
技能：能够根据相应的危险因素选择合适的防护措施；学会化工仿真操作技术。
素养：具备标准意识、规范意识、实事求是、精益求精的工匠精神。

必备知识

开车操作规程如下。

1. 空气压缩系统的启动

（1）全开增压机进口充气阀 HV1104，向增压机内充入仪表空气；
（2）全开增压机二级返一级的防喘振阀 FV1102；
（3）全开增压机三级返二级防喘振阀 FV1104；
（4）全开空压机出口放空阀 PV1101；
（5）空压机入口导叶微开至 30%；
（6）将空压机防喘振阀投自动，设定为 150000m^3/h；
（7）启动空气压缩系统。

2. 预冷系统开车

（1）手动状态下打开循环水进水冷塔 C102 调节阀 LV1202，向水冷塔引入循环水；
（2）冷却水调节阀 LV1202 投自控；
（3）水冷塔底部液位设定 1400mm；
（4）打开冷却水泵进口阀 VD1201；
（5）启动冷却水泵；
（6）打开冷却水泵出口阀 VD1203；
（7）冷却水调节阀 FIC1201 投自控；
（8）冷却水流量设定 650m^3/h；
（9）打开冷冻水泵进口阀 VD1202；
（10）待 C102 液位达到 500mm 后，启动冷冻水泵；
（11）打开冷冻水泵出口阀 VD1204；
（12）冷冻水调节阀 FIC1202 投自控；
（13）冷却水流量设定 125m^3/h；
（14）打开空冷塔出水调节阀 LV1201；
（15）空冷塔出水调节阀 LV0201 投自控；
（16）空冷塔底部液位设定 1500mm；

(17) 全开空压机出口阀；

(18) 空压机放空阀PIC1101投自动；

(19) 设定压力为0.52MPa（初始状态为0.52）；

(20) 确认空冷塔出口空气压力PI1201≥0.45MPa；

(21) 缓慢打开空气旁通水冷塔阀VA1201。

3. 纯化系统的开车

(1) 手动状态下全开空气出口阀KV1303；

(2) 手动状态下全开空气进口阀KV1301；

(3) 手动状态下全开再生气放空阀KV1314；

(4) 缓慢打开空气旁通再生气阀VA1302，避免空压机出口流量大幅波动；

(5) 再生气流量FI1304达到52000m³/h左右；

(6) 打开蒸汽进口阀VA1304至50%；

(7) 点击"选步"中"加热"按钮，调整吸附器MS301B再生步骤至加热阶段；

(8) 点击"运行"按钮，投入吸附器程序控制器；

(9) 确认再生气进蒸汽加热器阀KV1312全开；

(10) 确认再生气放空阀KV1314全关；

(11) 确认再生气进纯化器的进口阀KV1306全开；

(12) 确认再生气进纯化器的出口阀KV1308全开；

(13) 打开纯化系统后仪表空气送出阀VA1305至50%；

(14) 打开工厂空气送出阀VA1303至50%。

4. 精馏系统导气

(1) 缓慢打开空气进低压主换热器阀HV1501至全开（开度5%递增）；

(2) 确认下塔压力PI1601达到0.48MPa；

(3) 全开空气进低压主换热器阀HV1501；

(4) 全开富氧液空节流进上塔阀LV1601；

(5) 全开液氮节流进上塔阀HV1601；

(6) 全开污液氮节流进上塔阀FV1601；

(7) 全开贫液空节流进上塔阀HV1602；

(8) 手动状态下缓慢打开污氮气出高压换热器阀HV1503至100%（开度5%递增）；

(9) 手动状态下打开污氮气出低压换热器阀HV1502至50%；

(10) 缓慢关闭空气旁通水冷塔阀VA1201；

(11) 污氮气出低压换热器阀PV1501投入自控；

(12) 污氮气出低压换热器阀PV1501设定15kPa。

5. 精馏系统的冷却

(1) 手动状态下缓慢全开增压机进口阀PV1102；

(2) 将空压机防喘振阀设定为200000m³/h；

(3) 适当开大空压机入口导叶，使空压机出口压力PIC1101始终不低于0.515MPa；

(4) 关闭增压机进口充气阀HV1104；

(5) 打开仪表空气送出阀HV1102，使FI1105流量达到4000m³/h；

(6) 打开膨胀机膨胀端出口阀VD1404；

(7) 打开膨胀机膨胀端进口阀 VD1403；

(8) 打开膨胀机增压端出口阀 VD1402；

(9) 手动状态下缓慢关小增压机防喘振阀 FV1102，控制增压机二级出口压力；

(10) 确认增压机二段出口压力达到 2.68MPa；

(11) 打开膨胀机增压端进口阀 VD1401；

(12) 打开膨胀机膨胀端入口紧急切断阀 HV1402；

(13) 稍开膨胀机膨胀端入口调节喷嘴 HV1401 至 15% 开度；

(14) 确认膨胀机转速 >5000r/min；

(15) 继续开大膨胀机进口调节喷嘴 HV1401 至 50%；

(16) 缓慢关闭膨胀机增压端旁路阀 FV1401，直至关闭，继续提高膨胀机转速；

(17) 确认膨胀机转速达到 22200r/min；

(18) 打开工艺氩放空阀 HV1701 至 5%；

(19) 打开精氩塔放空阀 PV1702 至 5%；

(20) 打开污氮气去纯化系统阀 VA1301；

(21) 缓慢关小空气旁通污氮气阀 VA1302 至全关；

(22) 控制污氮气流量达到 52000m^3/h；

(23) 缓慢关小增压机回流阀 FV1104，直至关闭；

(24) 确认增压机三段出口压力达到 6.88MPa；

(25) 全开增压机出口阀 HV1105；

(26) 高压空气节流阀 HV1506 开至 1%，冷却高压空气通道；

(27) 调整 HV1503 开度，将膨胀机膨胀端温度 TI1402 控制在 −120～−108℃，温度过高，不利于精馏塔积液，温度过低，膨胀端带液，损坏设备。

6. 精馏塔的积液和调纯

(1) 确认精馏塔上层主冷液面 LI1603 为 2700mm（由于积液是一个缓慢过程，建议将仿真时钟设置为 2000，加速积液进程，待积液完成后，可以降回到原速度）；

(2) 确认精馏塔下层主冷液面 LI1602 为 3900mm；

(3) 待下层主冷液面大于 3900mm，开大液氮回下塔阀 VA1601 至 50%，准备建立下塔精馏工况；

(4) 缓慢打开压力氮至消声器阀 PV1502，控制 FIC1503 流量至 17500m^3/h；

(5) 视控制膨胀机膨胀端 TI1402 温度变化情况，缓慢开大 HV1506，控制膨胀机膨胀端 TI1402 温度为 −120～−108℃；

(6) 关小液氮节流阀 HV1601 至 50%；

(7) 关小污液氮节流阀 FV1601 至 50%；

(8) 污液氮节流阀 FIC1601 投入自控；

(9) 污液氮节流阀 FIC1601 设定 20500m^3/h；

(10) 关小贫氧液空节流阀 HV1602 至 50%；

(11) 缓慢调整液空节流阀 LV1601 开度，使精馏塔上层主冷液面维持在 3900mm 左右，下塔液空液面缓慢上升至 700mm；

(12) 如出现精馏塔下塔液空液面 LI1601 上升缓慢，甚至出现 LI1601 和 LI1602 同时下降的情况，可以适当开大 HV1503 开度，每次调整幅度为 1%；

（13）精馏塔下塔液空液面 LV1601 设定为 700mm；

（14）精馏塔下塔液空液面 LV1601 投入自控。

7. 产品气的送出

（1）缓慢打开压力氮气外送调节阀 FV1503；

（2）缓慢关闭压力氮至消声器阀 PV1502；

（3）确认外送氮气流量达到 17500m^3；

（4）空压机入口导叶缓慢开至 50°；

（5）将空压机防喘振阀投自动，设定为 251000m^3/h；

（6）全开液氧泵进口阀 VD1601；

（7）液氧泵回流阀 PV1603 投自控；

（8）液氧泵回流阀 PV1603 设定压力为 5.6MPa；

（9）启动液氧泵；

（10）打开液氧泵出口阀 VD1602；

（11）微开高压氧气放空阀 FV1504；

（12）缓慢打开高压氧气外送阀 HV1505；

（13）高压氧气放空阀 FV0504 投入自控；

（14）高压氧气放空阀 FV0504 设定流量 48000m^3/h；

（15）依据膨胀机膨胀端入口温度，继续缓慢打开高压空气节流阀 HV1506；

（16）全开液氮泵进口阀 VD1603；

（17）液氮泵回流阀 PV0604 投自控；

（18）液氮泵回流阀 PV0604 设定压力为 6.4MPa；

（19）微开高压氮气放空阀 FV1502；

（20）启动液氮泵；

（21）全开液氮泵出口阀 VD1604；

（22）缓慢打开高压氮气外送阀 HV1504 至 50%；

（23）高压氮气放空阀 FV0502 投入自控；

（24）高压氮气放空阀 FV0502 设定流量 5000m^3/h。

8. 氩系统的运行

（1）打开液空进粗氩冷凝器阀 VD1704；

（2）缓慢打开液空节流进粗氩冷凝器阀 LV1701；

（3）待 LV1701 液位达到 700mm 时，将 LV1701 设定为 700mm；

（4）液空节流进粗氩冷凝器阀 LV1701 投入自控；

（5）缓慢关闭工艺氩放空阀 HV1701；

（6）缓慢打开工艺氩去精氩塔阀 FV1701，引工艺氩去精氩塔；

（7）打开液空去精氩塔蒸发器阀 VD1703；

（8）缓慢打开液空进精氩塔冷凝器阀 LV1703，使精氩冷凝器开始工作；

（9）液空进精氩塔冷凝器阀 LV1703 投入自控；

（10）液空进精氩塔冷凝器阀 LV1703 设定 1000mm；

（11）液空蒸汽回主塔阀 PV1701 投自控；

（12）液空蒸汽回主塔阀 PV1701 设定 45kPa；

（13）打开液空回主塔阀 VD1702；

（14）精氩塔底部液位指示 1800mm 时，打开液空去精氩塔蒸发器阀；

（15）打开 PV1702；

（16）PV1702 投自控；

（17）PV1702 设定 10kPa；

（18）打开液氩送出阀 LV1702；

（19）液氩泵回流阀 LV1702 投入自控；

（20）液氩泵回流阀 LV1702 设定 1800mm。

9. 低温液体贮槽投运

（1）打开 HV1604；

（2）打开 HV1603。

10. 质量评分

（1）水冷塔底部 LIC1202 液位稳定在 1400mm；

（2）空冷塔底部液位 LIC1201 稳定在 1500mm；

（3）增压机二段出口压力为 2.68MPa；

（4）增压机三段出口压力为 6.88MPa；

（5）液氧泵出口压力 PIC1603 为 5.6MPa；

（6）液氮泵出口压力 PIC1604 为 6.4MPa。

任务实施

一、任务准备

（1）根据现场情况选择合适的安全防护用品。

（2）根据任务目标进行人员的分工安排。

（3）准备相应的工作报告记录卡。

二、实施要点

（1）组员分工明确。

（2）防护用品使用合理。

（3）明确岗位职责。

空分工段冷态开车操作主要岗位及职责

序号	岗位	职责

任务评价

工作报告

班级：　　　　　姓名：　　　　　学号：　　　　　成绩：

工作任务	
任务目标	
任务准备	
任务实施	
注意事项	
学习反思	

任务四　调整工艺指标

任务描述

通过对煤制甲醇仿真工厂中空分工段的分析，熟悉工艺参数，能够对工艺指标进行调整。

任务目标

知识：掌握空分工段的工艺参数。
技能：能够进行准确的指标控制。
素养：具备标准意识、规范意识、实事求是、精益求精的工匠精神。

必备知识

空气的分离主要是为后续工段提供气化剂，用来生产煤气。气化剂的性质会直接影响煤气的成分，因此，在空分的时候应严格控制各项工艺指标（表2-2），确保能生产合格的气化剂。

表 2-2　空分工段工艺参数

序号	名称	仪表位号	单位	正常值
流量				
1	冷却水进空冷塔流量	FIC1201	m^3/h	650
2	冷冻水进空冷塔流量	FIC1202	m^3/h	125
3	空气去精馏塔流量	FI1301	m^3/h	101000
4	空气去增压机流量	FI1302	m^3/h	137000
5	空气进精馏塔、增压机总流量	FI1303	m^3/h	238000
6	低压氧气流量指示调节	FIC1501	m^3/h	490
7	高压氮流量指示调节	FIC1502	m^3/h	5000
8	压力氮流量指示调节	FIC1503	m^3/h	17500
9	产品氧气流量指示	FIC1504	m^3/h	48000
10	污液氮进上塔流量调节	FIC1601	m^3/h	20500
11	液氩产品流量指示	FI1702	m^3/h	1400
12	工艺氩流量指示	FIC1701	m^3/h	1670
温度				
1	空气出空冷塔温度	TI1201	℃	15
2	循环水温度	TI1202	℃	25
3	水冷塔排水温度	TI1204	℃	13
4	冷冻水进空冷塔温度	TI1205	℃	13
5	空气进/污氮出1#分子筛温度	TI1303	℃	15/10～140
6	空气进/污氮出2#分子筛温度	TI1304	℃	15/10～140

续表

序号	名称	仪表位号	单位	正常值
7	空气出/污氮进1#分子筛温度	TI1301	℃	21/17～180
8	空气出/污氮进2#分子筛温度	TI1302	℃	21/17～180
9	膨胀机增压端冷却器后温度	TI1401	℃	40
10	膨胀机总进口温度	TI1402	℃	－108
11	空气出1#膨胀机温度	TI1403	℃	－173
12	污氮出低压主换热器温度	TI1501	℃	17
13	空气进低压主换热器温度	TI1502	℃	21
14	污氮出高压主换热器温度	TI1503	℃	36
15	污氮出低压主换热器温度	TI1504	℃	17
16	氧气出低压主换热器温度	TI1505	℃	17
17	氮气出高压主换热器温度	TI1506	℃	36
18	压力氮出冷箱温度	TI1507	℃	36
19	氧气出高压主换热器温度	TI1508	℃	36
20	高压空气进高压主换热器温度	TI1509	℃	40
21	空气进下塔温度	TI1601	℃	－169
22	下塔顶部温度	TI1602	℃	－177.7
23	主冷液氧温度下层	TI1603	℃	－179
24	主冷液氧温度上层	TI1604	℃	－179
25	污液氮出过冷器温度	TI1606	℃	－190
26	富氧液空出过冷器温度	TI1607	℃	－177
27	贫氧液空出过冷器温度	TI1608	℃	－177
28	液氮出过冷器温度	TI1609	℃	－190
29	污氮气出上塔温度	TI1610	℃	－193
30	粗氩塔顶部温度	TI1701	℃	－183
31	粗氩塔冷凝器液空温度	TI1702	℃	－185.6
32	空压机三段出口温度	TI1101	℃	83.2
33	增压机一段入口温度	TI1102	℃	21
34	增压机二段出口温度	TI1103	℃	70
35	增压机三段入口温度	TI1104	℃	40
36	增压机三段出口温度	TI1105	℃	70
压力				
1	空气出空冷塔压力	PI1201	MPa	0.52
2	循环水压力	PI1202	MPa	0.45
3	空冷塔阻力	PDI1201	kPa	5～6
4	1#分子筛后压力	PI1301	MPa	0.50
5	2#分子筛后压力	PI1302	MPa	0.50
6	1#与2#分子筛压差	PID1302	kPa	500

续表

序号	名称	仪表位号	单位	正常值
7	空气出分子筛压力	PI1303	MPa	0.5
8	蒸汽压力	PI1304	MPa	1.6
9	空气进1#增压端前压力	PI1401	MPa	2.68
10	空气出1#增压端后压力	PI1402	MPa	3.96
11	1#膨胀机前压力	PI1403	MPa	3.95
12	膨胀机后压力	PI1404	MPa	0.483
13	污氮出低压主换热器压力	PI1501	kPa	15
14	污氮出高压主换热器压力	PI1502	kPa	15
15	高压氮出冷箱压力	PIC1604	MPa	6.4
16	压力氮出冷箱压力	PI1504	MPa	0.4
17	氧气出冷箱压力	PI1505	MPa	5.5
18	下塔底部压力	PI1601	MPa	0.48
19	上塔底部压力	PI1602	kPa	42～45
20	1#液氧泵出口压力	PIC1603	MPa	5.6
21	1#液氮泵回流压力	PIC1604	MPa	6.4
22	下塔阻力	PDI1601	kPa	16～20
23	上塔阻力	PDI1602	kPa	6～7
24	粗氩塔冷凝器顶部压力	PI1703	kPa	40～50
25	粗氩塔冷凝器液空侧压力	PIC1701	kPa	40～50
26	精氩塔顶部废气压力指示调节	PIC1702	kPa	10
27	粗氩塔阻力	PDI1701	kPa	7～8
28	精氩塔阻力	PDI1702	kPa	1～2
29	空压机三段出口压力	PIC1101	MPa	0.52
30	增压机一段入口压力	PI1102	MPa	0.5
31	增压机二段出口压力	PI1103	MPa	2.68
32	增压机三段入口压力	PI1104	MPa	2.68
33	增压机三段出口压力	PIC1105	MPa	6.88
液位				
1	空冷塔液位	LIC1201	mm	1500
2	水冷塔液位	LIC1202	mm	1400
3	下塔液空液面调节	LIC1601	mm	700
4	下层主冷液面	LI1602	mm	3900
5	上层主冷液面	LI1603	mm	2700
6	粗氩塔冷凝器液面指示调节	LIC1701	mm	400～1000
7	精氩塔液面指示调节	LIC1702	mm	400～1800
8	精氩塔冷凝器液面指示调节	LIC1703	mm	400～1000

任务实施

一、任务准备

（1）根据现场情况选择合适的安全防护用品。
（2）根据任务目标进行人员的分工安排。
（3）准备相应的工作报告记录卡。

二、实施要点

（1）组员分工明确。
（2）防护用品使用合理。
（3）根据表 2-2 学习操作中工艺指标的控制。

任务评价

工作报告

班级：　　　　　姓名：　　　　　学号：　　　　　成绩：

工作任务	
任务目标	
任务准备	
任务实施	
注意事项	
学习反思	

任务五　正常停车操作

任务描述

通过对煤制甲醇仿真工厂中空分工段的开车操作后，确定岗位，进行正常停车操作，确保各设备正常停车。

任务目标

知识：掌握空气分离的仿真停车操作过程；掌握空分工段主要岗位及职责。
技能：能够根据相应的危险因素选择合适的防护措施；学会化工仿真操作技术。
素养：具备标准意识、规范意识、实事求是、精益求精的工匠精神。

必备知识

停车操作规程如下。

1. 停止产品取出
（1）缓慢打开压力氮放空阀 PV1502；
（2）缓慢关闭压力氮送出阀 FV1503，停止压力氮气送出；
（3）缓慢打开高压氧气放空阀 FV1504；
（4）缓慢关闭高压氧气送出阀 HV1505，停止高压氧气送出；
（5）缓慢打开高压氮气放空阀 FV1502；
（6）缓慢关闭高压氮气送出阀 HV1504，停止高压氮气送出；
（7）关闭液氧产品取出阀 HV1604；
（8）关闭液氮产品取出阀 HV1603；
（9）关闭液氩产品取出阀 LV1702。

2. 氩系统停车
（1）关闭贫氧液空去精氩冷凝器阀 LV1703；
（2）关闭工艺氩去精氩塔阀 FV1701；
（3）关闭液空回主塔阀 VD1702；
（4）关闭液空去精氩塔蒸发器阀 VD1703；
（5）打开精氩塔底部液体排放阀 VD1706；
（6）关闭液空去粗氩塔冷凝器阀 LV1701；
（7）关闭液空回主塔阀 VD1701。

3. 仪表空气的切换
（1）关闭增压机仪表气送出阀 HV1102；
（2）仪表气气源切换至仪表空压机供给。

4. 液体泵停车
（1）缓慢开大高压氧泵回流阀 PV1603，降低氧泵后压力；
（2）视高压换热器热端温差，缓慢关小高压空气节流阀 HV1506；

(3) 缓慢开大增压机三段回流阀 FV1104，降低增压机出口压力，空压机相应配合调节；

(4) 关闭高压氧泵出口阀 VD1602；

(5) 停止高压氧泵运行；

(6) 关闭高压氧泵进口阀 VD1601；

(7) 关闭高压氧气放空阀 FV1504；

(8) 缓慢开大高压氮泵回流阀 PV1604，降低氮泵后压力；

(9) 视高压换热器热端温差，继续关小高压空气节流阀 HV1506；

(10) 关闭高压氮泵出口阀 VD1604；

(11) 停止高压氮泵运行；

(12) 关闭高压氮泵进口阀 VD1603；

(13) 关闭高压氮气放空阀 FV1502。

5. 精馏系统停车

(1) 缓慢打开膨胀机增压端回流阀 FV1401；

(2) 缓慢关闭膨胀机进口可调喷嘴 HV1401；

(3) 缓慢打开空气增压机二段回流阀 FV1102，保证增压机二段压力稳定；

(4) 关闭膨胀机紧急切断阀 HV1402；

(5) 膨胀机转速归零，膨胀机停止运行；

(6) 关闭膨胀端进口阀 VD1403；

(7) 关闭膨胀端出口阀 VD1404；

(8) 关闭增压端进口阀 VD1401；

(9) 关闭增压端出口阀 VD1402；

(10) 缓慢关闭污氮气出高压换热器阀 HV1503；

(11) 关闭高压空气节流阀 HV1506；

(12) 关闭增压机三段出口阀 HV1105；

(13) 视精馏塔上塔压力的高低，缓慢调节 PV1602 来控制上塔压力；

(14) 缓慢关闭压力氮气放空阀 PV1502。

6. 纯化系统停车

(1) 关闭纯化系统仪表空气送出阀 VA1305，切换仪表气；

(2) 关闭纯化系统后工厂空气送出阀 VA1303；

(3) 缓慢关闭污氮气出低压换热器阀 HV1502；

(4) 缓慢关闭污氮再生气阀 VA1301；

(5) 缓慢关闭氧气出低压换热器阀 FV1501；

(6) 缓慢关闭空气进低压换热器阀 HV1501；

(7) 根据低压换热器热端温差和精馏塔下塔压力，逐渐开大空压机出口放空阀，减少进入精馏塔气量；

(8) 打开增压机补气阀 HV1104；

(9) 关闭增压机入口阀 PV1102；

(10) 点击纯化系统程序"停止"按钮，纯化系统相关阀门全关；

(11) 关闭 MS 进蒸汽加热器阀 VA1304。

7. 预冷系统停车

（1）关闭冷却水泵进口阀；

（2）预冷系统冷却水泵停止运行；

（3）关闭冷却水泵出口阀；

（4）关闭冷却水进空冷塔阀 FV1201；

（5）关闭循环水进水冷塔阀 LV1202；

（6）关闭冷冻水泵进口阀；

（7）预冷系统冷冻水泵停止运行；

（8）关闭冷冻水泵出口阀；

（9）关闭冷冻水进空冷塔阀 FV1202；

（10）关闭空冷塔底部回水阀 LV1201；

（11）打开空冷塔底部排水阀 VD1205；

（12）打开水冷塔底部排水阀 VD1206；

（13）确认排水阀 VD1205 无水后，关闭阀门；

（14）确认排水阀 VD1206 无水后，关闭阀门。

8. 空压机停车

（1）全开空压机放空阀；

（2）关闭空压机空气出口阀 HV1101；

（3）全开空压机防喘振阀；

（4）关闭空压机入口导叶；

（5）点击"停机"按钮。

任务实施

一、任务准备

（1）根据现场情况选择合适的安全防护用品。

（2）根据任务目标进行人员的岗位安排。

（3）准备相应的工作报告或记录卡。

二、实施要点

（1）岗位分工明确，确定岗位职责。

（2）防护用品使用合理。

（3）联合进行停车操作。

空分工段正常停车操作主要岗位及职责

序号	岗位	职责

任务评价

工作报告

班级：　　　　　姓名：　　　　　学号：　　　　　成绩：

工作任务	
任务目标	
任务准备	
任务实施	
注意事项	
学习反思	

任务六　事故判断及处理

任务描述

通过对煤制甲醇仿真工厂中空分工段的开车、停车操作后,分析总结出现的故障,找出故障的相应解决措施,确保各设备能正常运行。

任务目标

知识:认识空气分离的过程中出现的事故及现象。

技能:能够根据相应的危险因素选择合适的防护措施;能够分析出现故障的原因及处理措施。

素养:具备标准意识、规范意识、实事求是、精益求精的工匠精神。

必备知识

主要事故出现的现象及处理方法见表 2-3。

表 2-3　主要事故举例

序号	事故名称	现象	处理方法
1	蒸汽加热器出口再生气温度偏低	蒸汽加热器出口再生气温度偏低	开大蒸汽阀门 VA1304,调整蒸汽流量
2	空气出空冷塔温度高	空气出空冷塔温度高	开大 FV004
3	分子筛穿透	分子筛后气体不合格	切换分子筛

任务实施

一、任务准备

(1) 根据现场情况选择合适的安全防护用品。
(2) 根据任务目标进行人员的岗位安排。
(3) 准备相应的工作报告或记录卡。

二、实施要点

(1) 合理使用防护用品。
(2) 排查其他故障并填写表格。

空分工段主要事故及处理

序号	故障名称	现象	处理方式

任务评价

工作报告

班级：　　　　　姓名：　　　　　学号：　　　　　成绩：

工作任务	
任务目标	
任务准备	
任务实施	
注意事项	
学习反思	

项目三　原料气制备

工段任务

以原料煤、水、水煤浆添加剂为原料，研磨制成高浓度、低黏度、稳定性较好的、易于泵送的水煤浆。水煤浆与氧气通过烧嘴混合后在气化炉内进行部分氧化还原反应，生产出以 CO、H_2 为主要成分的水煤气，经洗涤后送入变换工段。

工段目标

基本目标：能够根据原料气制备的操作规程进行正确的生产，养成严谨的工作态度和精益求精的职业精神。

拓展目标：能够对主要设备、仪表进行维护和保养，熟悉常见故障及排除方法。

任务一　梳理工艺流程

任务描述

通过对煤制甲醇仿真工厂中气化工段的分析，掌握原料气制备的原理，梳理原料气制备的工艺流程。

任务目标

知识：掌握原料气制备的反应原理；掌握制备原料气的工艺流程。
技能：能够进行准确的识图制图；能够准确描述原料气制备过程。
素养：具备标准意识、规范意识、实事求是、精益求精的工匠精神。

必备知识

一、工艺原理

1. 制浆原理

从界区外的煤预处理工段来的碎煤加入料斗中，煤斗中的煤经过煤称重给料机送入磨煤机，所用新鲜水直接来自生产水总管，添加剂从添加剂槽中通过添加剂泵送到磨煤机中。

破碎后的煤、添加剂与水一同按照设定的量加入磨煤机入口中，经过磨煤机磨矿制备后的为水煤浆产品，然后进入设在磨机出口的滚筒筛，滤去较大的颗粒，筛下的水煤浆进入磨煤机出料槽，由搅拌槽自流入高剪切处理桶，经过剪切处理后的煤浆质量得到较大提高。高剪切后的煤浆由泵送至煤浆储存槽，以便后续气化用。

2. 气化原理

53.4%的水煤浆与空分来的5.5MPa、纯度为99.6%的纯氧经喷嘴充分混合后进行部分氧化反应。气化炉内的气化过程包括：干燥（水煤浆中的水气化）、热解以及由热解生成的碳与气化剂反应三个阶段。主要是碳与气化剂 O_2 之间的反应。

（1）裂解区和挥发分燃烧区　当煤粒喷入炉内高温区域将被迅速加热，并释放出挥发物，挥发产物数量与煤粒大小、升温速度有关，裂解产生的挥发物迅速与氧气发生反应，因为这一区域的氧浓度高，所以挥发物的燃烧是完全的，同时产生大量的热量。

（2）燃烧-气化区　在这一区域内，脱去挥发物的煤焦，一方面与残余的氧反应（产物是 CO 和 CO_2 的混合物），另一方面煤焦与 $H_2O(g)$ 和 CO_2 反应生成 CO 和 H_2，产物 CO 和 H_2 又可在气相中与残余的氧反应，产生更多的热量。

（3）气化区　燃烧物进入气化区后，发生下列反应：煤焦和 CO_2 反应，煤焦和 $H_2O(g)$ 的反应，甲烷转化反应和水煤浆转化反应，简单的综合反应如下：

$$C_nH_m + n/2 O_2 \longrightarrow nCO + m/2 H_2$$
$$C_nH_m + nH_2O \longrightarrow nCO + (n+m/2)H_2$$
$$CH_4 \longrightarrow C + 2H_2$$
$$C_nH_m + (n+m/4)O_2 \longrightarrow nCO_2 + m/2 H_2O$$

$$C + CO_2 \longrightarrow 2CO$$
$$CH_4 + H_2O \longrightarrow CO + 3H_2$$
$$CO + H_2O \longrightarrow CO_2 + H_2$$

上述反应产物主要为 CO 和 H_2（一般在 74% 以上），以及少量的 H_2O（g）、CO_2、H_2S 等。以上反应因煤浆浓度不同气体成分也不相同，在相同的反应条件下煤浆浓度越高，最终生成的一氧化碳和氢的浓度越高。其主要原因是水煤浆中的水在气化反应过程要消耗大量的热，这部分热量要靠煤完全燃烧来维持，所以二氧化碳浓度相对要高，以平衡反应热。一般（$CO + CO_2$）含量为 66%。

二、工艺流程

原料气制备总流程图如图 3-1 所示。

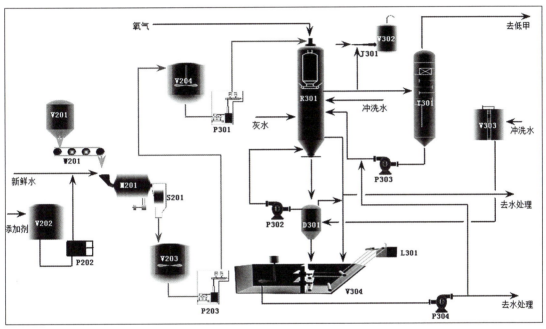

图 3-1　原料气制备流程图

1. 制浆系统

如图 3-2 所示，由煤贮运系统来的小于 6mm 的碎煤进入煤仓（V201）后，经带式称重给料器（W201）称量送入磨煤机（M201）。粉末状的添加剂由人工送至添加剂地下池（V202）中溶解成一定浓度的水溶液，由添加剂地下池储料泵（P202）送至磨煤机（M201）中。在添加剂槽（V202）底部设有蒸汽盘管，在冬季维持添加剂温度在 20～30℃，以防止冻结。

工艺水由磨机给水阀 FV2001 来控制送至磨煤机（M201）。煤、工艺水和添加剂一同送入磨煤机（M201）中研磨成一定粒度分布的浓度约为 53.4% 的合格水煤浆。水煤浆经滚筒筛（S201）滤去 3mm 以上的大颗粒后溢流至磨煤机出料槽（V203）中，由磨煤机出料槽泵（P203）送至煤浆槽（V204）。磨煤机出料槽（V203）和煤浆槽（V204）均设有搅拌器，使煤浆始终处于均匀悬浮状态。

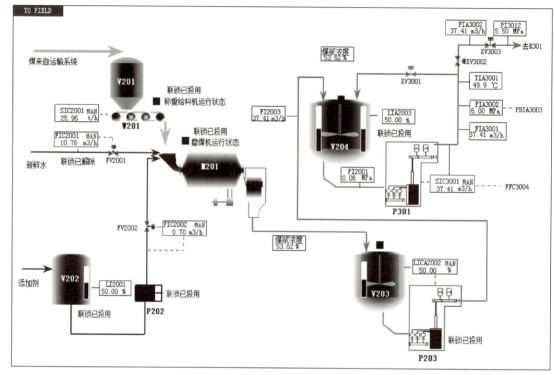

图 3-2 制浆系统流程图

2. 气化炉系统

来自煤浆槽（V204）浓度为 53.4％的水煤浆，由高压煤浆泵（P301）加压，投料前经煤浆循环阀（XV3001）循环至煤浆槽（V204）。投料后经煤浆切断阀（XV3002、XV3003）送至主烧嘴的环隙。

空分装置送来的纯度为 99.6％的氧气，由 FV3004 控制氧气压力为 5.5～5.8MPa，在准备投料前打开氧气手动阀，由氧气调节阀（FV3004）控制氧气流量（FIA3003），经氧气放空阀（XV3007）送至氧气消声器（N301）放空。投料后由氧气调节阀（FV3004）控制氧气流量经氧气上、下游切断阀（XV3005、XV3006）分别送入主烧嘴的中心管、外环隙。

如图 3-3 所示，水煤浆和氧气在工艺烧嘴（Z301）中充分混合雾化后进入气化炉（R301）的燃烧室中，在约 4.0MPa、1200℃条件下进行气化反应。生成以 CO 和 H_2 为有效成分的粗煤气。粗煤气和熔融态灰渣一起向下，经过均匀分布激冷水的激冷环沿下降管进入激冷室的水浴中。大部分的熔渣经冷却固化后，落入激冷室底部。粗煤气从下降管和导气管的环隙上升，出激冷室去洗涤塔（T301）。在激冷室合成气出口处设有工艺冷凝液冲洗，以防止灰渣在出口管累积堵塞。由冷凝液冲洗水调节阀（FV3018）控制冲洗水量为 $10m^3/h$。

激冷水经激冷水过滤器（S301）滤去可能堵塞激冷环的大颗粒，送入位于下降管上部的激冷环。激冷水呈螺旋状沿下降管壁流下进入激冷室。激冷室底部黑水经黑水排放阀（FV3010）送入黑水处理系统，激冷室液位控制在 40％～60％。在开车期间，黑水经黑水开工排放阀（LV3001）排向渣池 V304。

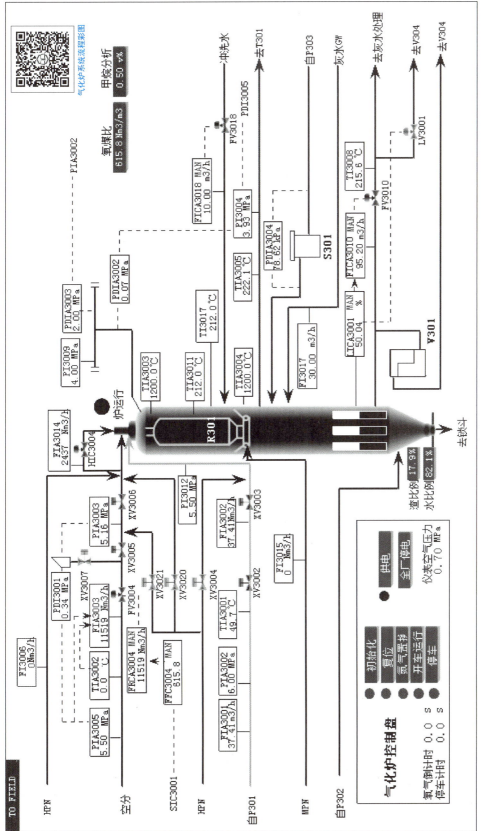

图 3-3 气化炉系统流程图

在气化炉预热期间,激冷室出口气体由开工抽引器(J301)排入大气。开工抽引器底部通入低压蒸汽,通过调节预热烧嘴风门和抽引蒸汽量来控制气化炉的真空度,气化炉配备了预热烧嘴(Z301)。

3. 粗煤气洗涤系统

如图 3-4 所示,从激冷室出来的粗煤气与激冷水泵(P303)送出的激冷水充分混合,使粗煤气夹带的固体颗粒完全湿润,以便在洗涤塔(T301)内能快速除去。

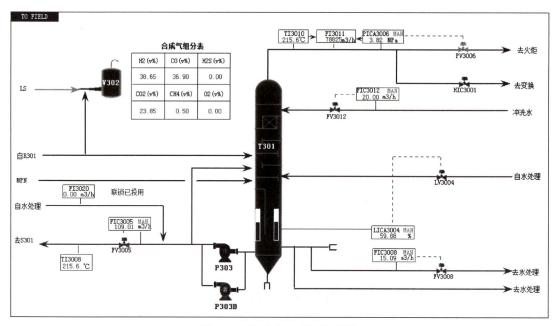

图 3-4 粗煤气洗涤系统流程图

水蒸气和粗煤气的混合物进入洗涤塔(T301),沿下降管进入塔底的水浴中。合成气向上穿过水层,大部分固体颗粒沉降到塔底部与粗煤气分离。上升的粗煤气沿下降管和导气管的环隙向上穿过四块冲击式塔板,与冲洗水冷凝液逆向接触,洗涤掉剩余的固体颗粒。粗煤气在洗涤塔顶部经过丝网除沫器,除去夹带气体中的雾沫,然后离开洗涤塔(T301)进入变换工序。

粗煤气水气比控制在 1.4~1.6 之间,含尘量小于 $1mg/m^3$。在洗涤塔(T301)出口管线上设有在线分析仪,分析合成气中 CH_4、O_2、CO、CO_2、H_2 等含量。

在开车期间,粗煤气经 PV3006 排放至开工火炬来控制系统压力(PICA3006)在 3.74MPa。火炬管线连续通入 LN 使火炬管线保持微正压。当洗涤塔(T301)出口粗煤气压力温度正常后,缓慢打开粗煤气手动控制阀(HV3001)向变换工序送粗煤气。

洗涤塔(T301)底部黑水经黑水排放阀(FV3008)排入高压闪蒸罐处理。除氧器的灰水由高压灰水泵加压后进入洗涤塔(T301),由洗涤塔的液位控制阀(LV3004)控制洗涤塔的液位(LICA3004)在 60%。工艺冷凝液缓冲罐的冷凝液由工艺冷凝液循环泵加压后经洗涤塔补水控制阀(FV3012)控制塔板上补水流量。从洗涤塔(T301)中下部抽取的灰水,由激冷水泵(P303)加压作为激冷水和进入洗涤塔(T301)的洗涤水。

4. 烧嘴冷却水系统

如图 3-5 所示，气化炉烧嘴（Z301）在 1200℃的高温下工作，为了保护烧嘴，在烧嘴上设置了冷却水盘管和头部水夹套，防止高温损坏烧嘴。烧嘴经烧嘴冷却水进口切断阀（XV3018）送入烧嘴冷却水盘管，出烧嘴冷却水盘管的冷却水经出口切断阀（XV3019）进入烧嘴冷却水分离罐。

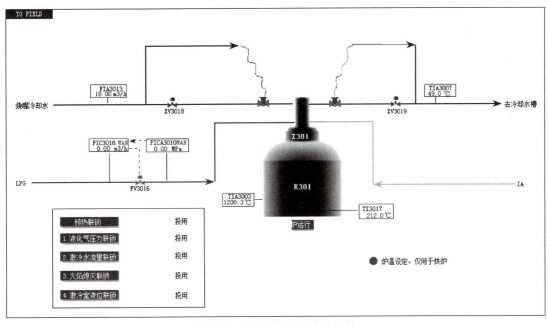

图 3-5 烧嘴冷却水系统流程图

5. 锁斗系统

如图 3-6 所示，激冷室底部的煤渣和水，在收渣阶段经锁斗收渣阀（XV3008）、锁斗安全阀（XV3009）进入锁斗（D301）。锁斗安全阀（XV3009）处于常开状态，仅当由激冷室液位（LICA3001）低低报警引起的气化炉停车，锁斗安全阀（XV3009）才关闭。锁斗循环泵（P302）从锁斗顶部抽取相对洁净的水送回激冷室底部，帮助将渣冲入锁斗。

锁斗循环分为泄压、清洗、排渣、充压、收渣五个阶段，由锁斗程序自动控制。循环时间一般为 30min，可以根据具体情况设定。锁斗程序启动后，锁斗泄压阀（XV3015）打开，开始泄压，锁斗内压力泄至渣池（V304）。泄压后，泄压管线清洗阀（XV3016）打开清洗泄压管线，清洗时间到后清洗阀（XV3016）关闭。锁斗冲洗水阀（XV3014）和锁斗排渣阀（XV3010）及泄压管线清洗阀（XV3016）打开，开始排渣。当冲洗水罐液位（LICA3007）低时，锁斗排渣阀（XV3010）、泄压管线清洗阀（XV3016）关闭；之后，冲洗水罐向锁斗注水，注水结束后冲洗水阀（XV3014）关闭。锁斗排渣阀（XV3010）关 5min 后，渣池溢流阀（XV3017）打开。注水结束冲洗水阀（XV3014）关闭后，锁斗充压阀（XV3013）打开，用高压灰水泵来的灰水开始为锁斗进行充压。当气化炉与锁斗压差（PDI3005）低时（小于 180kPa），锁斗收渣阀（XV3008）打开，锁斗充压阀（XV3013）关闭，锁斗循环泵进口阀（XV3011）打开，锁斗循环泵循环阀（XV3012）关闭，锁斗开始收渣，收渣计时器开始计时。当收渣时间到和冲洗水罐液位（LICA3007）高时，锁斗循环泵循环阀（XV3012）打开，锁斗循环泵进口阀（XV3011）关闭，锁斗循环泵（P302）自循环。锁斗收渣阀（XV3008）关闭，渣池溢流阀（XV3017）关闭，锁斗泄压阀（XV3015）打开，锁斗重新进入泄压步骤。如此循环。

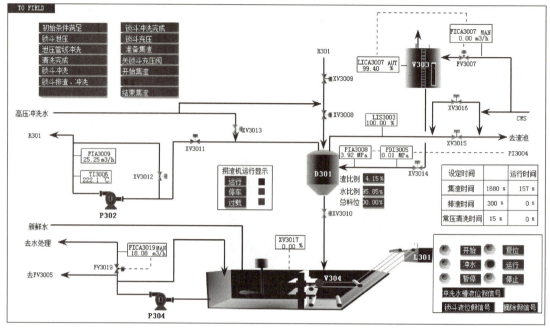

图 3-6　锁斗系统流程图

从灰水槽来的灰水送入锁斗冲洗水罐（V303）作为锁斗排渣时的冲洗水。锁斗排出的渣水排入渣池（V304），渣水由渣池泵 P304 送入真空闪蒸罐。

任务实施

一、任务准备

（1）根据现场情况选择合适的安全防护用品。
（2）根据任务目标进行人员的分工安排。
（3）准备相应的工作报告记录卡。

二、实施要点

（1）组员分工明确。
（2）防护用品使用合理。
（3）分析原料气制备的作用原理。
（4）梳理工艺，绘制工艺框线流程。

绘制原料气制备的工艺框线流程

任务评价

工作报告

班级：　　　　　姓名：　　　　　学号：　　　　　成绩：

工作任务	
任务目标	
任务准备	
任务实施	
注意事项	
学习反思	

任务二　认识气化设备

任务描述
通过对煤制甲醇仿真工厂中气化工段的分析，根据视频资源，掌握主要设备的结构及作用原理。

任务目标
知识：掌握原料气制备的主要设备。
技能：能在厂区找出相应的设备。
素养：具备标准意识、规范意识、实事求是、精益求精的工匠精神。

必备知识
气化工段主要由制浆系统、气化炉系统、粗煤气洗涤系统、烧嘴冷却水系统、锁斗系统组成，工段包含的设备及主要作用见表 3-1。

U.G.I型水煤气发生炉

淬冷型德士古气化炉

热回收型德士古气化炉

表 3-1　气化工段主要设备

序号	设备位号	设备名称	主要作用
1	V201	煤斗	从煤运工段来的煤装入煤仓
2	V202	添加剂槽	配制和储存煤浆添加剂
3	V203	磨煤机出料槽	磨煤机磨出煤浆（可能是不合格的）的暂存
4	V204	煤浆槽	合格煤浆缓冲槽（也叫大煤浆槽）
5	V301	气化炉密封水槽	利用连通器原理，在预热烘炉期间使气化激冷室恒定合适的预热液位
6	V302	开工抽引气分离罐	烘炉蒸汽与烟气进入分离罐后气液分离
7	V303	锁斗冲洗水槽	为锁斗排渣提供冲洗水
8	V304	渣池	收集锁斗排下来的渣和水，渣、水在此分离
9	P202	添加剂出料槽泵	输送添加剂
10	P203	磨煤机出料槽泵	输送煤浆到煤浆槽（也叫低压煤浆泵）
11	P301	高压煤浆泵	输送煤浆槽中的煤浆到气化炉
12	P302	锁斗循环泵	将锁斗上部的水输送回气化炉激冷室
13	P303	激冷水泵	将洗涤塔塔釜的水输送到气化炉激冷室
14	P304	渣池泵	将渣池中的水输送出去
15	W201	输煤机	将煤斗中的煤通过皮带送往磨煤机
16	M201	磨煤机	将煤磨成小颗粒
17	M203	磨煤机出料槽搅拌器	搅拌，防止煤浆沉底
18	M204	煤浆槽搅拌器	搅拌，防止煤浆沉底

项目三　原料气制备

续表

序号	设备位号	设备名称	主要作用
19	S201	滚筒筛	将大粒度的煤筛分出去
20	R301	气化炉	发生气化反应,煤气被激冷洗涤
21	T301	洗涤塔	对水煤气进行洗涤,主要除掉固体颗粒
22	D301	锁斗	定期收渣、排渣
23	Z301	工艺烧嘴	水煤浆和氧气从烧嘴喷入气化炉
24	S301	激冷水过滤器	过滤掉黑水中的大颗粒灰渣
25	J301	开工抽引器	开工烘炉时,通过蒸汽喷射产生负压
26	L301	捞渣机	将渣池中的渣捞出并用皮带输送走
27	M301	电动除尘器	利用电场作用除掉气体中的固体颗粒

任务实施

一、任务准备

（1）根据现场情况选择合适的安全防护用品。

（2）根据任务目标进行人员的分工安排。

（3）准备相应的工作报告记录卡。

二、实施要点

（1）组员分工明确。

（2）防护用品使用合理。

（3）在厂区找出相应设备进行学习并标注位置。

原料气制备工段主要设备结构及位置

序号	设备名称	结构	作用	位置

> 任务评价

工作报告

班级：　　　　　姓名：　　　　　学号：　　　　　成绩：

工作任务	
任务目标	
任务准备	
任务实施	
注意事项	
学习反思	

任务三　冷态开车操作

任务描述

通过对煤制甲醇仿真工厂中气化工段的原理、工艺等的学习后，确定岗位，进行开车操作，生产合格甲醇原料气。

任务目标

知识：掌握原料气制备的仿真开车操作过程；掌握气化工段主要岗位及职责。
技能：能够根据相应的危险因素选择合适的防护措施；学会化工仿真操作技术。
素养：具备标准意识、规范意识、实事求是、精益求精的工匠精神。

必备知识

开车操作规程如下。

1. 200# 开车前准备

（1）系统安装完毕，设备、管道清洗合格，临时盲板已拆除；
（2）仪表控制系统能正常运行，连锁已调试合格；
（3）各运转设备单体试车合格；
（4）循环冷却水、原水、仪表空气等公用工程供应正常；
（5）煤斗下方闸板阀已打开，且料位处于高料位；
（6）石灰石斗下方闸板阀已打开，且料位处于高料位；
（7）按要求配制好添加剂送入添加剂槽 V202 待用；
（8）各运转设备按规定的规格和数量加注润滑油；
（9）关闭管线上所有阀门。

2. 200# 开车

（1）现场打开阀 VA2001，向添加剂集水槽 V202 加添加剂；
（2）液位控制在 50% 左右；
（3）由电气人员启动磨煤机 M201，检查煤磨机运行情况，应无异常响声、震动、电流；
（4）启动泵 P202；
（5）调节 FIC2002 流量在 $0.7m^3/h$，向磨机加入 5% 添加剂；
（6）打开磨机给水流量调节阀 FV2001 给磨机加水；
（7）启动煤称重给料机，向煤斗 V201 供煤；
（8）通过 SIC2001 控制输煤流量在 26t/h；
（9）磨机出料槽 V203 液位达到 30% 后，启动搅拌器；
（10）启动磨机出料槽泵 P203；
（11）开阀 VA2003，打循环；
（12）在煤浆入煤池处取样分析煤浆浓度，并随时调整给煤量和给水量，尽快使煤浆浓度合格；

（13）在煤浆浓度达到51％时，打开磨机出料槽泵 P203 出口阀 VA2002；

（14）关阀 VA2003；

（15）合格煤浆送入大煤浆槽 V204 待用；

（16）冲洗磨机出料槽泵 P203 管线；

（17）冲洗磨机出料槽泵 P203 循环线；

（18）冲洗 5min 后，冲洗液在低点排放。

3. 仪表检查

仪表空气压力调至 0.7MPa；

联系仪表供电。

4. 仪表、阀门联调

正确投用各仪表和阀门，调试合格后点击"仪表阀门调试完成"。

5. 气化炉安全联锁空试

（1）气化炉具备空试条件后，点击"初始化"；

（2）动作正确到位后，点击"复位"，此时可以调试受限制阀门；

（3）确认顺控动作正确到位，相关阀门能正常使用后，点击"氮气置换"；

（4）点击"开车运行"，查看气化炉顺控动作是否符合时序；

（5）确认顺控无误后，点击"停车"，查看动作是否符合时序。

6. 锁斗逻辑关系空试

（1）确认无误后，点击"冲水"；

（2）点击"冲洗水槽液位假信号"，锁斗液位 90％；

（3）点击"锁斗液位假信号"，锁斗液位 100％，并查看动作是否正确到位；

（4）确认无误后，点击"复位"，查看动作是否正确到位；

（5）按操作规程启动 P302，此时"初始条件满足"变绿；

（6）确认无误后，点击"运行"，查看各步序运行是否正确；

（7）当运行到"锁斗排渣、冲洗"时，再次点击"冲洗水槽液位假信号"；

（8）当锁斗运行到"集渣"阶段，计时器开始计时，即可点击"暂停"，查看锁斗顺控是否停在当前状态；

（9）确认无误后，点击"停止"，检查系统各阀门动作是否正确到位；

（10）点击"摘除假信号"；

（11）停锁斗循环泵 P302。

7. 系统气密

按要求进行系统气密。

8. 建立水循环

（1）打开 HV3006，渣池有一定液位后关闭；

（2）打开 VA3006；

（3）打开 S301 激冷水出口阀 VD3010；

（4）打开 V301 入口阀 VA3003；

（5）确认 VD3004 关闭；

（6）确认 VA3019 关闭；

(7) 确认 FV3010 关闭；

(8) 确认 LV3001 关闭；

(9) 启动 P304；

(10) 通过密封水槽进入，向渣池 V304 排水，如果密封水槽不能满足要求，打开调节阀 FV3010、液位调节阀 LV3001 向渣池 V304 排水；

(11) 渣池 V304 水温不能大于 80℃，如大于 80℃可用新鲜水来调节。

9. 启动开工抽引器

(1) 说明语句：联系调度送低压蒸汽，并通过排污阀排净蒸汽管线内冷凝液；

(2) 打开手动截止大阀 VD3008；

(3) 缓慢打开蒸汽截止阀 HV3003，暖管后调节其开度，使气化炉维持微量负压。

10. 点火

(1) 说明语句：确认气化炉内低温热偶已装好，表面热偶投用；

(2) 说明语句：用炉顶电动葫芦将预热烧嘴吊起，对准气化炉炉口约 1.0m 高，将预热烧嘴缓慢降低安放在炉口上；

(3) 说明语句：用耐压软管将预热烧嘴燃气接口与燃气管接上，火焰监测器、点火枪、仪表空气连接好，并稍开预热烧嘴风门；

(4) 打开燃料气调节阀 FV3016；

(5) 总控调出烘炉画面；

(6) 打开空气进料阀 VA3012；

(7) 确认火焰监测器、点火装置一切正常后，先启动点火装置；

(8) 点燃预热烧嘴；

(9) 说明语句：调节燃料气调节阀 FV3016 开度与仪表空气流量，调节抽负蒸汽调节阀 HV3003，调整火焰形状到最佳；

(10) 按照升温曲线对气化炉进行预热烘炉，升至 1200℃或规定温度；

(11) 随着炉温升高，应相应增加激冷水调节阀 FV2008A 流量，使出激冷室气体温度 TIA3005 不超过 224℃；

(12) 托板温度不应超过 250℃。

11. 启动密封水系统

投用密封水。

12. 启动破渣机

按规程启动破渣机。

13. 投用锁斗

(1) 通知总控开锁斗冲洗水罐加水流量调节阀 FV3007；

(2) 锁斗冲洗水罐 V303 液位 LICA3007 至 90%时投自动；

(3) FICA3007 投串级；

(4) 启动锁斗循环泵 P302，等待气化炉投料；

(5) 确认锁斗逻辑系统阀门均在自动状态，按开始（start）按钮，除 XV2012A 打开外，其余阀门均关闭；

(6) 锁斗冲洗水罐液位 LICA3007≥70%后，按冲水按钮，打开 XV3014、XV3015，锁斗液位 LIS3003 高或冲水到一定时间返回到开始按钮；

(7) 按开始（start）按钮后，按复位（reset）按钮，打开 XV3009；
(8) 点击锁斗运行按钮，使锁斗处于渣收集状态；
(9) 打开锁斗循环泵出口到气化炉手阀 VA3004。

14. 启动捞渣机
按规程启动捞渣机。

15. 建立烧嘴冷却水循环
(1) 用高压软管将工艺烧嘴 Z201 与冷却水管相连；
(2) 打开 VA3011；
(3) VD3022 切换到临时通路；
(4) VD3023 切换到临时通路。

16. 火炬系统置换
进行火炬系统置换。

17. 启动真空闪蒸系统
(1) 投用真空闪蒸系统；
(2) 打开渣池泵入真空闪蒸罐球阀 VA3019，向真空闪蒸罐送水。

18. 切换激冷水
(1) 打开合成气塔液位调节阀 LV3004，建立洗涤塔 T301 液位；
(2) 当洗涤塔液位达 60% 时，洗涤塔液位 LICA3004 投自动；
(3) 打开激冷水泵前阀 VD3017；
(4) 当合成气洗涤塔液位达 60% 时，启动激冷水泵 P303；
(5) 打开激冷水泵回流手阀 VD3020 以避免激冷水泵 P303 气蚀；
(6) 现场开激冷水泵出口手阀 VD3018；
(7) 现场缓慢关闭渣池泵 P304 到激冷水管线的手阀 VA3006。

19. 烧嘴切换
(1) 当炉温升至 1200℃ 或规定温度后，关闭 VA3012；
(2) 关闭 FV3016；
(3) 将烘炉烧嘴吊出，更换为工艺烧嘴；
(4) 关闭 HIC3003，停开工抽负压系统；
(5) 关闭 VD3008。

20. 气化炉开车前氮气置换
(1) 总控手动打开背压阀 PV3006；
(2) 打开中压氮气置换氧气管线手阀 VD3007，对氧气管线及燃烧室进行置换；
(3) 打开中压氮气置换激冷室的截止阀 VD3009，对激冷室进行置换；
(4) 现场打开洗涤塔氮气置换手阀 VD3021，对洗涤塔进行置换；
(5) 10min 后洗涤塔出口取样分析，氧含量小于 0.2% 为合格；
(6) 关氧气管线氮气置换阀 VD3007；
(7) 关闭激冷室氮气置换阀 VD3009；
(8) 关闭洗涤塔氮气置换阀 VD3021。

21. 建立煤浆流量
(1) 确认煤浆泵假信号摘除；

(2) 确认煤浆入炉手阀 VA3001 关；
(3) 打开 XV3001；
(4) 打开煤浆槽 V204 底部柱塞阀 VD3001；
(5) 点击气化炉"初始化"按钮；
(6) 打开 VD3002；
(7) 煤浆入炉阀 XV3002 关；
(8) 煤浆入炉阀 XV3003 关；
(9) 煤浆浓度＞53.4%，启动高压煤浆泵 P301；
(10) 总控缓慢调节煤浆泵变频百分数达 10% 左右；
(11) 总控缓慢调节煤浆泵变频百分数达 20% 左右。

22. 建立氧气流量
(1) 确认空分操作正常，氧气纯度≥99.6%；
(2) 确认氧气切断阀 XV3005 关闭；
(3) 确认氧气切断阀 XV3006 关闭；
(4) 确认放空阀 XV3007 开启；
(5) 通知调度，空分单元送合格的氧气；
(6) 通知现场人员撤离，总控通过 FRCA3004 调节氧气流量，使之达到 8800m^3/h，在氧气放空阀 XV3007 排放。

23. 气化炉激冷室提液位
(1) 调节激冷水流量调节阀 FV3005 开度，加大激冷水量；
(2) 调节气化炉流量调节阀 FV3010 和液位调节阀 LV3001，使激冷室液位逐渐上升；
(3) 控制激冷室液位在操作液位上（50%）。

24. 投料前确认、操作
(1) 按气化炉投料前现场阀门确认表确认现场阀门在正确位置；
(2) 总控检查大、小烧嘴冷却水正常；
(3) 仪表空气正常；
(4) 氧气流量正常；
(5) 煤浆流量正常；
(6) 气化炉出口温度正常；
(7) 仪表电源正常；
(8) 煤浆泵运行正常；
(9) VD3022 切换到主通路；
(10) VD3023 切换到主通路；
(11) 打开 XV3018；
(12) 打开 XV3019；
(13) 关 VA3011；
(14) 确认气化炉炉温＞1000℃；
(15) 气化炉 R301 液位＞50%；
(16) 碳洗塔 T301 液位＞50%；
(17) 激冷水流量 FICA3005＞140m^3/h；

(18) HV3001 关；

(19) HV3004 全开；

(20) 高压氮罐出口阀开；

(21) 现场打开煤浆炉头阀 VA3001；

(22) 再次确认 XV3004 打开；

(23) 总控全开碳洗塔出口放空阀 PV3006；

(24) 现场确认控制柜阀门开关在自动位置；

(25) 确认置换合格，按氮气置换按钮；

(26) 现场再次确认碳洗塔出口放空阀 PV3006 全开。

25. 气化炉投料开车

(1) 通知所有人员撤离现场，准备投料；

(2) 通知调度、空分，准备投料；

(3) 确认气化炉炉温在 1000℃ 以上，否则需更换烧嘴重新升温；

(4) 按下"煤浆运行"按钮；

(5) 确定氧气入炉后（同时确认 FIA3002 正常），总控人员应通过下列现象来判断点火是否成功：气化温度急剧上升，火炬有大量合成气放出燃烧，气化炉压力突增，气化炉液位降低；

(6) 如投料失败，应立即按下"紧急停车"按钮实施手动停车，停车后按处理步骤进行处理，条件成熟后重新开车。

26. 开车成功后操作

(1) 确认气化炉温度、压力、液位等操作条件正常；

(2) 适当提高高压煤浆泵 P301 转速；

(3) 通过 FRCA3004 调节入炉氧气量，控制气化炉温升速度，不能过快或过慢，（一般应在 20min 左右升至 1200℃）；

(4) 通过 HIC3004 调节开度，使中心氧量占总氧量的 10%～20%；

(5) 及时调节气化炉液位调节阀 LV3001、激冷水流量调节阀 FV3005，维持激冷室在操作液位；

(6) 气化炉合成气出口温度 TIA3010＜230℃；

(7) 随着气化炉压力的升高，调节各泵及破渣机的密封水量；

(8) 打开 FV3012。

27. 气化炉升压

(1) 将背压控制器 PICA3006 切换成手动模式，按照 0.1MPa/min 的升压速率逐步提高系统压力；

(2) 升压过程中要注意炉温、炉压等工况的变化情况；

(3) 气化炉升压至 0.5MPa 时，投用锁斗顺控程序；

(4) 气化炉升压至 0.5MPa 时，将合成气甲烷分析仪和色谱仪投入使用；

(5) 当压力升至 1.5MPa 时，现场检查系统的气密性；

(6) 通知制浆岗位人员冲洗煤浆管道；

(7) 当压力升至 2.5MPa，现场检查系统的气密性；

(8) 压力升至 3.8MPa，最后检查系统的气密性。

28. 黑水切换到高压闪蒸罐

(1) 当系统压力升至 1.0MPa，应进行气化炉黑水的切换操作；

(2) 打开气化炉黑水排放管线上去高压闪蒸罐的手阀 VD3004；

(3) 全开 FV3010；

(4) 全开 FV3008。

29. 向变换导气

(1) 当气化炉压力 PI3004 达 4.0MPa，洗涤塔出口温度 TI3010 大于 200℃时，且取样分析水煤气合格后；

(2) 总控按下粗煤气手动调节阀 HV3001 控制按钮；

(3) 待粗煤气控制阀 HV3001 前后压力平衡后，总控缓慢打开粗煤气控制阀 HV3001；

(4) 同时缓慢关小背压阀 PV3006；

(5) 确认系统稳定后，总控视情况将氧煤比自动控制系统投入运行；

(6) 通过负荷调节系统，调节 SIC3001 将负荷提高到设定值；

(7) 增加负荷时，总控应密切注意炉温、系统压力、激冷室和洗涤塔液位变化情况，同时调整水系统与负荷相匹配，以维持工况稳定；

(8) 通过调整氧煤比控制炉温在 1200℃±50℃。

任务实施

一、任务准备

(1) 根据现场情况选择合适的安全防护用品。

(2) 根据任务目标进行人员的分工安排。

(3) 准备相应的工作报告记录卡。

二、实施要点

(1) 组员分工明确。

(2) 防护用品使用合理。

(3) 明确岗位职责。

原料气制备工段冷态开车操作主要岗位及职责

序号	岗位	职责

任务评价

工作报告

班级：　　　　　姓名：　　　　　学号：　　　　　成绩：

工作任务	
任务目标	
任务准备	
任务实施	
注意事项	
学习反思	

任务四　调整工艺指标

任务描述

通过对煤制甲醇仿真工厂中气化工段的分析,熟悉工艺参数,能够对工艺指标进行调整。

任务目标

知识:掌握气化工段的工艺参数。
技能:能够进行准确的指标控制。
素养:具备标准意识、规范意识、实事求是、精益求精的工匠精神。

必备知识

本装置中气化工段的工艺参数如表 3-2 所示。

表 3-2　气化工段工艺参数

序号	位号	描述	正常指标	报警值	单位
控制仪表					
1	FIC2001	新鲜水去 M201 流量	10.76		m³/h
2	FIC2002	添加剂去 M201 流量	0.7		m³/h
3	FIC3005	P303 出口流量	104~114		m³/h
4	FICA3007	V303 入口流量		12.8(L) 51.0(H)	m³/h
5	FIC3008	T301 黑水去高闪流量	15.06		m³/h
6	FICA3010	R301 黑水去高闪流量	95.2	68.0(L) 182.0(H)	m³/h
7	FIC3012	T301 塔板洗涤水流量	20		m³/h
8	FIC3016	R301 烘炉液化气流量			m³/h
9	FICA3018	R301 托砖板冲洗水流量	10	3.28(L)	m³/h
10	LICA2002	V203 液位	40~60	20.0(L) 80.0(H)	%
11	LIA2003	V204 液位			%
12	LICA3001	激冷室液位	40~60	20.0(L) 80.0(H)	%
13	LIS3003	D301 液位			%
14	LICA3004	T301 液位	40~60	20.0(L) 80.0(H)	%
15	LICA3007	V303 液位			%
16	PICA3006	T301 出口压力	3.7~3.9	3.6(LL) 4.0(HH)	MPa

续表

序号	位号	描述	正常指标	报警值	单位
17	FFC3004	氧煤比	605~615		m^3/m^3
显示仪表					
1	FI2003	P203 出口流量	35.0~40.0		m^3/h
2	FIA3001	P301 出口流量	35.0~40.0	14.3(L)	m^3/h
3	FIA3002	R301 水煤浆入口流量	35.0~40.0	14.3(L)	m^3/h
4	FIA3003	R301 氧气流量	21000~23000	15756.0(L)	m^3/h
5	FI3006	中压 N_2 流量			m^3/h
6	FIA3009	P302 去激冷室流量	23.0~26.0	12.0(L)	m^3/h
7	FI3011	T401 合成气流量	60000~85000		m^3/h
8	FIA3013	烧嘴冷却水流量	17.0~19.0	5.4(L)	m^3/h
9	FIA3014	主烧嘴氧气流量	3500~4500	2000(L) 6000(H)	m^3/h
10	FI3015	置换用中压 N_2 流量			m^3/h
11	FI3017	R301 灰水冲洗水流量	19~21		m^3/h
12	PI2001	P301 入口压力	0.01~0.1		MPa
13	PIA3002	P301 出口压力	5.8~6.2	5.5(L) 7.2(H)	MPa
14	PIA3003	R301 氧气进料压力	5.1~5.3	5.0(L) 5.9(H)	MPa
15	PI3004	R301 合成气出口压力	3.9~4.1		MPa
16	PIA3005	氧气进料压力	5.4~5.6	5.0(L) 5.9(H)	MPa
17	PIA3008	D301 压力	3.9~4.1	3.74(LL)	MPa
18	PI3009	R301 燃烧室压力	3.8~4.2	4.0	MPa
19	PI3012	进 R301 水煤浆压力	5.0~7.0	5.5	MPa
20	PDI3001	氧气管线压差	0.01~0.5		MPa
21	PDIA3002	燃烧室与激冷室压差	0.01~0.2	0.3(H)	MPa
22	PDIA3003	煤浆管线与气化炉压差	1.8~2.2	1.5(L) 3.2(H)	MPa
23	PDIA3004	S301 压差	70.0~85.0	100.0(H)	kPa
24	PDI3005	R301 与 D301 压差	0~0.3		MPa
25	LI2001		40~60		%

续表

序号	位号	描述	正常指标	报警值	单位
26	LIA2003		40~60	20.0(L) 80.0(H)	%
27	TIA3001	P301出口温度	40~60	20.0(L) 90.0(H)	℃
28	TIA3002	O_2温度	30.0	80(H)	℃
29	TIA3003	R301温度	1150~1250	1160(L) 1500(H)	℃
30	TIA3004	R301温度	1150~1250	1160(L) 1500(H)	℃
31	TIA3005	R301合成气温度	210~230	235(H)	℃
32	TI3006	P302出口温度	60~100		℃
33	TIA3007	Z301冷却水出口温度	30~50	52(H)	℃
34	TI3008	P303出口温度	210~220		℃
35	TI3009	R301去高闪温度	210~230		℃
36	TI3010	T301出口温度	210~220		℃
37	TIA3011	R301炉壁温度	210~230	250(H)	℃
38	TI3017	R301托砖板温度	202~222		℃

任务实施

一、任务准备

（1）根据现场情况选择合适的安全防护用品。

（2）根据任务目标进行人员的分工安排。

（3）准备相应的工作报告记录卡。

二、实施要点

（1）组员分工明确。

（2）防护用品使用合理。

（3）根据表3-2学习气化过程工艺指标的控制。

任务评价

工作报告

班级：　　　　　　姓名：　　　　　　学号：　　　　　　成绩：

工作任务	
任务目标	
任务准备	
任务实施	
注意事项	
学习反思	

任务五　正常停车操作

任务描述

通过对煤制甲醇仿真工厂中气化工段的开车操作，确定岗位，进行正常停车操作，确保各设备正常停车。

任务目标

知识：掌握原料气制备的仿真停车操作过程；掌握气化工段主要岗位及职责。
技能：能够根据相应的危险因素选择合适的防护措施；学会化工仿真操作技术。
素养：具备标准意识、规范意识、实事求是、精益求精的工匠精神。

必备知识

停车操作规程如下。

1. 停车前准备

（1）逐渐降负荷至正常操作值的50%；
（2）缓慢降低系统压力 PICA3006 设定值，使之略低于操作压力，背压阀 PV3006 自行打开；
（3）缓慢关闭粗煤气出口手动调节阀 HIC3001。

2. 正常停车步骤

（1）接调度气化炉可以停车的指令后，按下"紧急停车"按钮；
（2）氧气切断阀 XV3005 关闭；
（3）氧气切断阀 XV3006 关闭；
（4）氧气流量调节阀 FV3004 关闭；
（5）中心氧气流量调节阀 HIC3004 保持原来阀位开度；
（6）高压煤浆泵停车；
（7）煤浆切断阀 XV3002 延时 1s 关闭；
（8）煤浆切断阀 XV3003 延时 1s 关闭；
（9）合成气出口阀 HIC3001 关闭；
（10）氧气吹扫阀 XV3020 打开；
（11）吹扫氧气管道 20s 关闭；
（12）延时 7s，煤浆吹扫阀 XV3004 打开；
（13）吹扫煤浆管道 10s 后关闭；
（14）延时 30s，氧气管道阀间氮气保护阀 XV3021 打开。

3. 烧嘴吹扫后的操作

（1）减少激冷水流量，但不能小于 $40m^3/h$，防止泵汽蚀；
（2）总控手动关闭氧气流量调节阀 FV3004；
（3）总控手动关闭合成气出口阀 HIC3001；
（4）总控关闭除氧器压力调节阀 PV3005，以降低除氧器温度。

4. 气化炉减压

确认洗涤塔出口放空阀 PV3006 打手动关闭。

5. 切水

(1) 气化炉炉内压力降到 0.5MPa 时，打开气化炉液位调节阀 LV3001；

(2) 关闭去高压闪蒸罐现场阀 VD3004；

(3) 打开 VA3006；

(4) 关闭 FV3019；

(5) 按规程停激冷水泵 P303。

6. 氮气置换

(1) 打开中压氮气阀 VD3007，置换气化炉；

(2) 打开截止阀 VD3009，置换激冷室。

7. 吊出工艺烧嘴

(1) 将激冷室液位降到升温液位；

(2) 打开工艺气去抽引器大阀 VD3008；

(3) 排净蒸汽管线凝液，打开蒸汽阀向抽引器供蒸汽，保持一定真空度保持，准备更换低温热电偶；

(4) 打开烧嘴冷却水软管前手阀 VA3011；

(5) 将三通阀 VD3022 切至软管；

(6) 将三通阀 VD3023 切至软管；

(7) 总控关闭 XV3018（此前应把 SIS 联锁全部解除，并复位）；

(8) 总控关闭 XV3019，并确认烧嘴冷却水正常；

(9) 吊出大、小烧嘴。

8. 黑水排放

(1) 打开气化炉密封水槽 V301 前手动球阀；

(2) 关闭激冷室黑水开工排放阀 LV3001；

(3) 总控关洗涤塔液位调节阀 LV3004；

(4) 打开洗涤塔底部阀 VA3008，排尽塔内余水。

9. 锁斗系统停车

(1) 按暂停按钮，按停车按钮，停锁斗程序；

(2) 检查锁斗系统，各程控阀回到初始状态后按下复位按钮；

(3) 按单体操作规程停锁斗循环泵 P302；

(4) 关闭锁斗冲洗水罐进口流量调节阀 FV3007；

(5) 手动打开锁斗排渣阀 XV3010；

(6) 手动打开锁斗冲洗阀 XV3014；

(7) 将锁斗冲洗水罐 V303 中水放干净。

10. 200# 停车

(1) 煤排净后，停煤称重给料机；

(2) 按规程停添加剂给料泵 P202；

(3) 待磨机出料槽 V203 液位降到 5%，按规程停磨机出料槽泵 P203；

(4) 调节磨机给水流量 FIC2001，直至磨机出口干净，按规程停磨机 M201；

（5）关闭磨机给水流量调节阀 FV2001。

任务实施

一、任务准备

（1）根据现场情况选择合适的安全防护用品。
（2）根据任务目标进行人员的岗位安排。
（3）准备相应的工作报告或记录卡。

二、实施要点

（1）岗位分工明确，确定岗位职责。
（2）防护用品使用合理。
（3）联合进行停车操作。

原料气制备工段正常停车操作主要岗位及职责

序号	岗位	职责

任务评价

工作报告

班级：　　　　　姓名：　　　　　学号：　　　　　成绩：

工作任务	
任务目标	
任务准备	
任务实施	
注意事项	
学习反思	

任务六　事故判断及处理

任务描述

通过对煤制甲醇仿真工厂中气化工段的开车、停车操作，分析总结出现的故障，找出故障的相应解决措施，确保各设备能正常运行。

任务目标

知识：认识原料气制备的过程中出现的事故及现象。
技能：能够根据相应的危险因素选择合适的防护措施；能够分析出现故障的原因及处理措施。
素养：具备标准意识、规范意识、实事求是、精益求精的工匠精神。

必备知识

气化工段主要事故出现的现象及处理方法见表 3-3。

表 3-3　气化工段主要事故现象及处理方法

序号	事故名称	现象	处理方法
1	全厂停电	全厂停电造成系统跳车，现场机泵停车；烧嘴冷却水及激冷水中断	停车处理
2	烧嘴冷却水故障停车	气化系统跳车	紧急停车处理
3	泵 P303 坏	出口流量不稳	启动备用泵
4	FV3018 阀卡	无法调节流量	开旁路阀
5	洗涤塔液位不正常	洗涤塔液位偏高或偏低	调节系统压力；调节灰水进水量；调节黑水排放量；调节激冷水量

任务实施

一、任务准备

（1）根据现场情况选择合适的安全防护用品。
（2）根据任务目标进行人员的岗位安排。
（3）准备相应的工作报告或记录卡。

二、实施要点

（1）合理使用防护用品。
（2）排查其他故障并填写表格。

原料气制备工段主要事故及处理

序号	故障名称	现象	处理方式

> 任务评价

工作报告

班级：　　　　　姓名：　　　　　学号：　　　　　成绩：

工作任务	
任务目标	
任务准备	
任务实施	
注意事项	
学习反思	

项目四　一氧化碳变换

工段任务

将气化来的部分水煤气与水蒸气反应生成 CO_2 和 H_2，并使 CO 和 H_2 的比例完全满足甲醇合成需要后送入低温甲醇洗工段，同时利用水煤气余热副产不同等级的蒸汽分别送至管网供其他工段使用。

工段目标

基本目标：能够根据变换的操作规程进行正确的生产，养成严谨的工作态度和精益求精的职业精神。

拓展目标：能够对主要设备、仪表进行维护和保养，熟悉常见故障及排除方法。

任务一　梳理工艺流程

任务描述

通过对煤制甲醇仿真工厂中变换工段的分析,掌握一氧化碳变换的原理,梳理变换的工艺流程。

任务目标

知识:掌握一氧化碳变换的反应原理;掌握变换的工艺流程。
技能:能够进行准确的识图制图;能够准确描述变换过程。
素养:具备标准意识、规范意识、实事求是、精益求精的工匠精神。

必备知识

一、工艺原理

变换系统的主要任务是在催化剂的作用下将气化送来的水煤气中的 CO 和 H_2O 经过部分变换,生成对生产有用的 H_2,并回收工艺气中的热量副产部分中低压蒸汽、预热脱盐水和锅炉给水供系统使用。

一氧化碳和水蒸气的反应如果单纯在气相中进行,反应速率极其缓慢,这是因为在进行变换反应时,首先要使蒸汽中的氧与氢连接的键断开,然后氧原子重新排到 CO 分子中去生成 CO_2,两个 H 原子相互结合为 H_2 分子。水分子中 O 与 H 的结合能很大,要使 H—O—H 的两个键断开,必须有相当大的能量,因而变换反应进行是比较困难的。当有催化剂存在时,反应则按下述两步进行:

$$[K] + H_2O(汽) \longrightarrow [K]O + H_2$$
$$[K]O + CO \longrightarrow [K] + CO_2$$

式中,[K] 表示催化剂;[K]O 表示中间化合物。

CO 变换催化剂

即水分子首先被催化剂的活性表面所吸附,并分解为氢与吸附态的氧原子。氢进入气相中,氧在催化剂表面形成氧原子吸附层。当 CO 撞击到氧原子吸附层时,即被氧化成 CO_2,随后离开催化剂表面进入气相。然后催化剂表面又吸附水分子,反应继续下去。反应按这种方式进行时,所需能量小,所以变换反应在有催化剂存在时速度就可以大大加快。

在反应过程中,催化剂能够改变反应进行的途径,降低反应所需的能量,缩短达到平衡的时间,加快反应速率,但它不能改变反应的化学平衡。

变换炉入口操作温度保证不低于 260℃,变换炉操作温度为 310~444℃,变换炉入口水汽比为 1.16。变换的目的一是将 CO 和 H_2O 转化成 CO_2 和 H_2,二是将水煤气中难以去除的有机硫(COS)转化为易于脱除的无机硫 H_2S。

变换反应的主要反应式:

$$CO + H_2O \rightleftharpoons CO_2 + H_2$$
$$COS + H_2O \rightleftharpoons CO_2 + H_2S$$

变换反应的特点是可逆、放热、前后体积不变，只有在较高温度和催化剂的作用下才具有较快的反应速率。

变换催化剂 QCS-01 是钴钼系耐硫变换催化剂，在使用前要先进行硫化，只有硫化过的催化剂才具有活性。本工段采用 CS_2 作为硫化剂，闪点 105℃，在 200℃ 左右就能与 H_2 容易发生氢解反应生成 H_2S，硫化过程的主要反应式：

$$CS_2 + 4H_2 \rightleftharpoons 2H_2S + CH_4 \quad \Delta H = -240.6 \text{kJ/mol}$$
$$CoO + H_2S \rightleftharpoons CoS + H_2O \quad \Delta H = -13.4 \text{kJ/mol}$$
$$MoO_3 + 2H_2S + H_2 \rightleftharpoons MoS_2 + 3H_2O \quad \Delta H = -48.1 \text{kJ/mol}$$

二、工艺流程

变换原料气为气化工段的水煤气，经原料气预热器（E401）与变换气换热至 285℃ 左右进入变换炉（R401），与自身携带的水蒸气在耐硫变换催化剂作用下进行变换反应，变换气出口 CO 含量约为 5.27%。出变换炉的高温气体（449℃）经原料气预热器（E401）与进变换炉的粗水煤气换热后，温度降为 381℃，与另一部分未进入变换炉（R401）的水煤气（约占总气量的 50%）汇合，然后进入低压蒸汽发生器（E402），副产 1.0MPa 蒸汽，温度降至 200℃ 之后进入气液分离器（V402），进行气液分离。分离的气体进入低压蒸汽发生器（E403）副产 0.5MPa 的低压蒸汽，温度降至 180℃，然后进入气液分离器（V403），进行气液分离，之后气体进入水冷器（E404）、水冷器（E405）最终冷却到 40℃ 进入气液分离器（V404），气液分离器顶部喷入冷密封水洗涤气体中的 NH_3，然后气体送至低温甲醇洗变换气净化系统，再送入合成工段。

气液分离器 V401 排出的冷凝液送至气液分离器 V403，从气液分离器 V403 排出的工艺热冷凝液出口分为两路：一路送至界外；另一路送至汽提塔（T401）。变换工段系统流程图如图 4-1～图 4-4 所示。

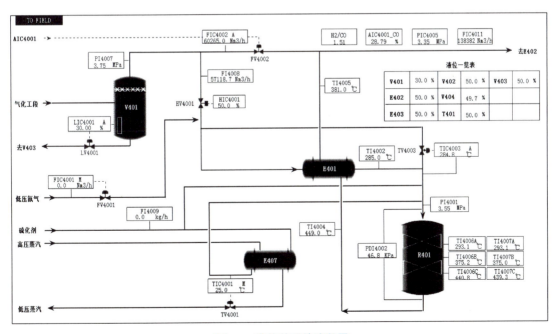

图 4-1　变换炉系统流程图

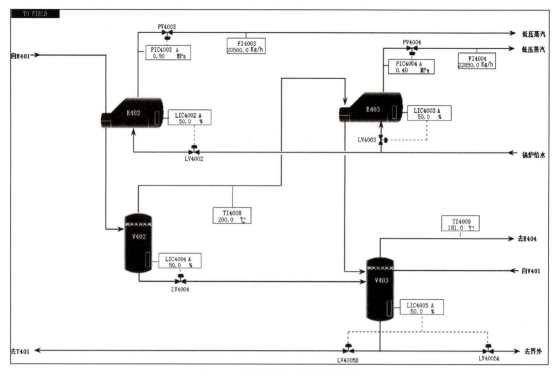

图 4-2　低压蒸汽发生器流程图

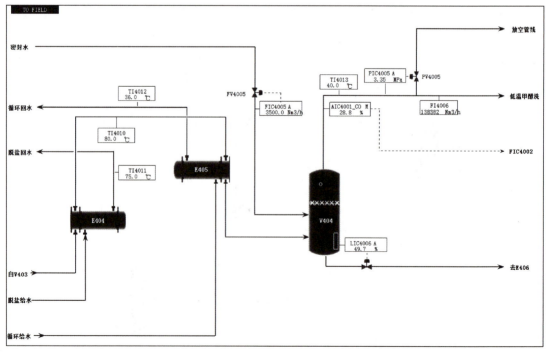

图 4-3　工艺气冷却系统流程图

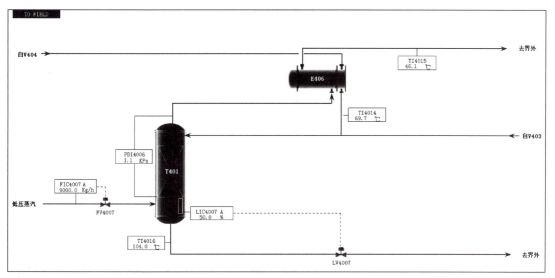

图 4-4　汽提塔系统流程图

任务实施

一、任务准备

(1) 根据现场情况选择合适的安全防护用品。
(2) 根据任务目标进行人员的分工安排。
(3) 准备相应的工作报告记录卡。

二、实施要点

(1) 组员分工明确。
(2) 防护用品使用合理。
(3) 分析一氧化碳变换的原理。
(4) 梳理工艺，绘制工艺框线流程。

绘制变换的工艺框线流程

任务评价

工作报告

班级：　　　　　　姓名：　　　　　　学号：　　　　　　成绩：

工作任务	
任务目标	
任务准备	
任务实施	
注意事项	
学习反思	

任务二 认识变换设备

任务描述

通过对煤制甲醇仿真工厂中变换工段的分析，根据实训装置，掌握主要设备的结构及作用原理。

任务目标

知识：掌握一氧化碳变换的主要设备。
技能：能在厂区找出相应的设备。
素养：具备标准意识、规范意识、实事求是、精益求精的工匠精神。

必备知识

变换工段主要由换热系统、变换炉系统、气液分离系统组成，工段包含的设备及主要作用见表 4-1。

表 4-1 变换工段主要设备

序号	设备位号	设备名称	主要作用
塔			
1	T401	洗涤塔	对尾气进行洗涤除杂
罐			
1	V401	气液分离器	对原料进行脱液
2	V402	气液分离器	对冷后工艺气进行气液分离
3	V403	气液分离器	对冷后工艺气进行气液分离
4	V404	气液分离器	对冷后工艺气进行气液分离
换热器、蒸发器			
1	E401	原料气预热器	热量回收
2	E402	低压蒸汽发生器	热量回收
3	E403	低压蒸汽发生器	热量回收
4	E404	水冷器	工艺气冷却
5	E405	水冷器	工艺气冷却
6	E406	低温冷凝液预热器	热量回收
7	E407	开工加热器	开工硫化气加热

续表

序号	设备位号	设备名称	主要作用
变换器			
1	R401	变换炉	变换反应场所

任务实施

一、任务准备

(1) 根据现场情况选择合适的安全防护用品。
(2) 根据任务目标进行人员的分工安排。
(3) 准备相应的工作报告记录卡。

二、实施要点

(1) 组员分工明确。
(2) 防护用品使用合理。
(3) 在厂区找出相应设备进行学习并标注位置。

一氧化碳变换工段主要设备结构及位置

序号	设备名称	结构	作用	位置

任务评价

工作报告

班级：　　　　　姓名：　　　　　学号：　　　　　成绩：

工作任务	
任务目标	
任务准备	
任务实施	
注意事项	
学习反思	

任务三　冷态开车操作

任务描述

通过对煤制甲醇仿真工厂中变换工段的原理、工艺等的学习，确定岗位，进行开车操作，生产合格的原料气。

任务目标

知识：掌握变换工段的仿真开车操作过程；掌握变换工段主要岗位及职责。
技能：能根据相应的危险因素选择合适的防护措施；学会化工仿真操作技术。
素养：具备标准意识、规范意识、实事求是、精益求精的工匠精神。

必备知识

开车操作规程如下。

1. 控制阀及冷却器投用

（1）打开分离器 V402 出口流量控制阀 LV4004 前截止阀；
（2）打开分离器 V402 出口流量控制阀 LV4004 后截止阀；
（3）全开 E404 除盐水上水阀 VA4013；
（4）打开 E404 除盐水回水阀 VA4014；
（5）全开 E405 循环水上水阀 VA4015；
（6）打开 E405 循环水回水阀 VA4016。

2. 蒸发器上水

（1）打开 E402 上水调节阀 LV4002；
（2）当 E402 液位达到 50% 时，关闭 LV4002；
（3）控制 E402 液位，保持 E403 液位 LIC4003 在 50%；
（4）打开 E403 上水调节阀 LV4003；
（5）当 E403 液位达到 50% 时，关闭 LV4003；
（6）控制 E403 液位，保持 E402 液位 LIC4001 在 50%。

3. 催化剂升温

（1）打通催化剂升温流程，打开 E401 管程入口阀门 VA4006；
（2）打开 E407 管程入口阀门 VD4002；
（3）打开 E407 管程出口阀门 VD4003；
（4）打开 E401 壳程出口管线放空阀门 VA4007；
（5）打开变换器出口阀门 VD4004；
（6）全开低压氮气阀门 VA4003；
（7）调节 FV4001，使氮气流量达到 8000m^3/h；
（8）当氮气流量达到 8000m^3/h，打开阀门 VA4005 向 E407 引加热蒸汽；
（9）打开 TV4001 控制蒸汽量，以 20℃/h 的速率升温到 220℃；
（10）升温过程中床层温度差小于 30℃，以免催化剂受温度应力影响破碎；

（11）当床层温度达到220℃时（以变换气出口温度为准），床层恒温2h（模拟恒温10s）。

4. 催化剂硫化

（1）打开装置入口进料阀VA4001，以0.1MPa/min速率对V401冲压；
（2）当分离器V401液位达到50%时，打开LV4001；
（3）通过调节LIC4001保持V401液位稳定在50%；
（4）当催化剂床层恒温结束且V401导气完成后，稍开HV4001旁路阀，引工艺气加到氮气中一起进入反应器；
（5）通过HV4001旁路阀，调节工艺气流量FI4008约为1100m³/h；
（6）当配工艺气结束后，逐渐打开硫化剂阀门VA4004，控制CS_2流量（FI4009）为10~15kg/h；
（7）观察催化剂床层温度，待其稳定以后，以每次2kg/h增加CS_2加入量到25kg/h；
（8）当催化剂床层温度稳定时，逐渐调节工艺气流量FI4008约为2200m³/h；
（9）当有硫穿透时，逐步将压力PI4001提高到0.4MPa；
（10）提氢提压结束后，以10~15℃/h的速率将入口床层温度TI4006A升至300℃（操作提示：提氢不提温，提温不提氢）；
（11）硫化过程中床层温度TI4006A-C、TI4007A-C差小于30℃；
（12）分析进出口检测点硫含量基本一致时可认为硫化结束，关闭硫化剂进口阀VA4004；
（13）再关闭氢流量阀HV4001旁路阀；
（14）然后关闭加热蒸汽阀门VA4005；
（15）关闭放空阀VA4007；
（16）关闭氮气调节阀FV4001；
（17）关闭蒸汽加热温度调节阀TV4001；
（18）关闭氮气阀门VA4003；
（19）关闭E407管程入口阀VD4002；
（20）关闭E407管程出口阀VD4003；
（21）打开E407跨线阀VD4001。

5. 变换导气

（1）打开E401壳程出口阀VA4008；
（2）稍开E402连排线VA4009；
（3）通过调节PIC4003控制蒸发器E402蒸汽压力，保持蒸汽压力在0.9MPa；
（4）稍开E403连排线VA4011；
（5）通过调节PIC4004控制蒸发器E403蒸汽压力，保持蒸汽压力在0.4MPa；
（6）在硫化结束后，逐渐打开HV4001副线阀向变换炉导气；
（7）观察变换炉入口和床层温度，HV4001副线阀至全开；
（8）在HV4001副线阀全开及变换炉温度稳定后，打开主控阀HV4001；
（9）在主控阀HV4001打开后，关闭HV4001副线阀；
（10）将变换器进料量控制在60265m³/h；
（11）变换炉引气稳定后，稍打开FV4002，以小于0.1MPa/min的速率对变换系统升压；

(12) 分离器 V404 出口阀门 PV4005 控制设定为自动，变换系统压力由 PIC4005 控制；

(13) 变换系统压力 PIC4005 设定值为 3.35MPa；

(14) 调节 TIC4003，控制 TIC4003 在 285℃，保持变换反应器进料温度在 285℃；

(15) 打开 E406 出口阀 VA4020；

(16) 调节 V404 密封水流量 FIC4005 至 3500m^3/h；

(17) 保持 V404 密封水流量 FIC4005 在 3500m^3/h；

(18) 当 PIC4005 压力达到 3.0MPa 时，逐渐开大 FV4002；

(19) 通过调节变换器跨线流量将产品气中一氧化碳含量 AIC4001_CO 调节在 22.34%；

(20) 待产品气中 CO 含量小于 25% 时，打开 VA4017，变换气去往甲醇洗单元；

(21) 缓慢关闭放空阀 PV4005，保持压力平稳，直至放空关死；

(22) 通过调节 PIC4005，使变换系统压力维持在 3.35MPa；

(23) 当分离器 V402 液位达到 50% 时，打开 LV4004；

(24) 导气过程中，通过调节 LIC4004 保持 V402 液位在 50%；

(25) 当分离器 V403 液位达到 50% 时，打开 LV4005；

(26) 导气过程中，通过调节 LIC4005 保持 V403 液位在 50%；

(27) 当分离器 V404 液位达到 50% 时，打开 LV4006；

(28) 导气过程中，通过调节 LIC4006 保持 V404 液位在 50%。

6. 汽提塔投用

(1) 打开汽提蒸汽流量调节阀 FV4007；

(2) 通过调节汽提蒸汽量，使汽提塔温度 TI4016 大于 100℃；

(3) 通过汽提塔液位调节阀 LV4007 保持汽提塔液位在 50%。

任务实施

一、任务准备

(1) 根据现场情况选择合适的安全防护用品。

(2) 根据任务目标进行人员的分工安排。

(3) 准备相应的工作报告记录卡。

二、实施要点

(1) 组员分工明确。

(2) 防护用品使用合理。

(3) 明确岗位职责。

一氧化碳变换工段开车操作主要岗位及职责

序号	岗位	职责

任务评价

工作报告

班级：　　　　　姓名：　　　　　学号：　　　　　成绩：

工作任务	
任务目标	
任务准备	
任务实施	
注意事项	
学习反思	

任务四　调整工艺指标

任务描述

通过对煤制甲醇仿真工厂中变换工段的分析,熟悉工艺参数,能够对工艺指标进行调整。

任务目标

知识：掌握变换工段的工艺参数。
技能：能够进行准确的指标控制。
素养：具备标准意识、规范意识、实事求是、精益求精的工匠精神。

温度与温标

必备知识

本装置中变换工段的工艺参数如表 4-2 所示。

表 4-2　气化工段工艺参数

位号	显示内容	单位	控制值	低报值	高报值
温度					
TIC4001	E407 出口气体温度指示调节	℃	345～355		380
TI4002	E401 出口水煤气温度指示	℃	280～290		
TIC4003	R401 进口水煤气温度指示	℃	280～290		330
TI4004	R401 出口变换气温度指示报警	℃	445～455		480
TI4005	E401 出口工艺气温度指示	℃	375～385		
TI4006A	R401 上部温度指示报警	℃	240～330		330
TI4006B	R401 中部温度指示报警	℃	270～350		400
TI4006C	R401 下部温度指示报警	℃	400～450		460
TI4007A	R401 上部温度指示报警	℃	240～330		330
TI4007B	R401 中部温度指示报警	℃	270～350		400
TI4007C	R401 下部温度指示报警	℃	400～450		460
TI4008	V402 出口变换气温度指示	℃	197～202		
TI4009	V403 出口变换气温度指示	℃	177～182		
TI4010	E404 出口变换气温度指示	℃	67～85		
TI4011	E404 壳侧出口水温度指示	℃	63～80		
TI4012	E405 壳侧出口水温度指示	℃	31～42		
TI4013	V404 出口工艺气温度指示	℃	35～45		
TI4014	T401 进口冷凝液温度指示	℃	67～72		
TI4015	T401 塔顶出口气体温度指示	℃	40～60		
TI4016	T401 釜液出口温度指示	℃	100～130		

续表

位号	显示内容	单位	控制值	低报值	高报值
压力					
PI4001	R401进口水煤气压力指示	MPa	3.49～3.89		
PDI4002	R401进出口气体压差指示报警	kPa	50～100		
PIC4003	E402出口蒸汽压力指示调节	MPa	0.7～1.2		
PIC4004	E403出口蒸汽压力指示调节	MPa	0.45～0.52		
PIC4005	V404出口变换气压力指示调节	MPa	3.05～3.55		3.75
PDI4006	T401进出口气体压差指示	kPa	0.8～1.5		
PI4007	V401出口水煤气压力指示	MPa	3.5～4		
流量					
FIC4001	低压氮气流量指示调节	m³/h	4800～8800		
FIC4002	水煤气流量指示调节	m³/h	54925～120835		
FI4003	E402出口蒸汽流量指示	kg/h	10250～22550		
FI4004	E403出口蒸汽流量指示	kg/h	11425～25135		
FIC4005	V404密封水流量指示调节报警	kg/h	2000～5000		
FI4006	外送气体流量指示	m³/h	0～32000		
FIC4007	T401进口蒸汽流量指示调节	kg/h	4750～11400		
FI4008	水煤气流量指示	m³/h	34925～62000		
FI4009	注硫流量指示	kg/h	11425～25135		
液位					
LIC4001	V401液位指示调节报警	%	15～30	8	50
LIC4002	E402液位指示调节报警	%	40～60	25	75
LIC4003	E403液位指示调节报警	%	40～60	25	75
LIC4004	V402液位指示调节报警	%	40～60	25	75
LIC4005	V403液位指示调节报警	%	40～60	25	75
LIC4006	V404液位指示调节报警	%	40～60	25	75
LIC4007	T401液位指示调节报警	%	40～60	25	75
其他					
AIC4001	V404出口CO含量指示	%(体积分数)	9.6～32.75		
HIC4001	R401进口工艺气遥控	%	0～100		

任务实施

一、任务准备

(1) 根据现场情况选择合适的安全防护用品。

(2) 根据任务目标进行人员的分工安排。

(3) 准备相应的工作报告记录卡。

二、实施要点

(1) 组员分工明确。

(2) 防护用品使用合理。

(3) 根据表4-2学习变换工艺指标的控制。

任务评价

工作报告

班级：　　　　　姓名：　　　　　学号：　　　　　成绩：

工作任务	
任务目标	
任务准备	
任务实施	
注意事项	
学习反思	

任务五　正常停车操作

任务描述

通过对煤制甲醇仿真工厂中变换工段的开车操作，确定岗位，进行正常停车操作，确保各设备正常停车。

任务目标

知识：掌握变换工段的仿真停车操作过程；掌握变换工段主要岗位及职责。
技能：能够根据相应的危险因素选择合适的防护措施；学会化工仿真操作技术。
素养：具备标准意识、规范意识、实事求是、精益求精的工匠精神。

必备知识

停车操作规程如下。

1. 切断系统

(1) 联系低温甲醇洗，缓慢关闭变换工序出口大阀 VA4017；
(2) 在切断变换工序产品外送过程中，保持变换系统压力稳定在 3.05～3.55MPa；
(3) 切断产品外送后，联系气化岗位，关闭原料进口大阀 VA4001；
(4) 关闭变换器进口大阀 HV4001；
(5) 关闭变换器出口阀门 VA4008；
(6) 进出工序阀关闭后，开大 PV4005 将系统泄压至 0.8MPa，控制卸压速率＜0.1MPa/min；
(7) 当变换系统压力降到 0.8MPa 时，关闭 PV4005；
(8) 当变换器被切断隔绝后，打开 VA4007 放空阀，R401 卸压速率＜0.1MPa/min；
(9) 当压力降低到 0.1MPa 时，关闭放空阀 VA4007。

2. 停蒸汽发生器

(1) 缓慢打开 E402 放空阀 VA4010，E402 蒸汽准备退管网；
(2) 在放空阀打开时，缓慢关闭 PV4003，注意压力别超压；
(3) 在温度 TI4008 降低到 150℃后，关闭 LV4002；
(4) 缓慢打开 E403 放空阀 VA4012，E403 蒸汽准备退管网；
(5) 在放空阀打开时，缓慢关闭 PV4004，注意压力别超压；
(6) 在温度 TI4009 降低到 130℃后，关闭 LV4003。

3. 停循环水

(1) 当 V403 气相出口温度 TI4009 降低到 60℃以下，关闭 E404 脱盐水上水阀 VA4013；
(2) 关闭 E404 脱盐水回水阀 VA4014；
(3) 关闭 E405 循环水上水阀 VA4015；
(4) 关闭 E405 循环水回水阀 VA4016；
(5) 当 V404 气相出口温度 TI4013 低于 30℃时，关闭 V404 洗涤水流量调节阀

FV4005。

4. 退液

（1）手动打开分离器 V401 液位调节阀 LV4001，V401 退液；

（2）当 V401 液位降低到 10% 时，关闭分离器 V401 液位控制阀 LV4001；

（3）手动打开分离器 V402 液位调节阀 LV4004，V402 退液；

（4）当 V402 液位降低到 10% 时，关闭分离器 V402 液位调节阀 LV4004；

（5）手动打开分离器 V403 液位调节阀 LV4005A，V403 退液；

（6）当 V403 液位降低到 10% 时，关闭分离器 V403 液位调节阀 LV4005A；

（7）手动打开分离器 V404 液位调节阀 LV4006，V404 退液；

（8）当 V404 液位降低到 10% 时，关闭分离器 V404 液位调节阀 LV4006。

5. 停汽提塔

（1）退液结束后，关闭汽提蒸汽流量阀 FV4007；

（2）手动打开 T401 液位外送阀 LV4007；

（3）当汽提塔液位低于 10% 时，关闭 T401 液位外送阀 LV4007；

（4）关闭 E406 气相出口阀 VA4020。

6. 紧急停车

（1）切断进工序大阀 VA4001；

（2）切断出工序大阀 VA4017；

（3）切断出工序放空阀 PV4005；

（4）关闭 V401 切液阀 LV4001；

（5）打开 E402 放空阀 VA4010；

（6）在放空阀打开时，关闭 PV4003；

（7）关闭 E402 上水阀 LV4002；

（8）打开 E403 放空阀 VA4012；

（9）在放空阀打开时，关闭 PV4004；

（10）关闭 E403 上水阀 LV4003；

（11）关闭 V402 切液阀 LV4004；

（12）关闭 V403 切液阀 LV4005A；

（13）关闭密封水流量调节阀 FV4005；

（14）关闭 V404 切液阀 LV4006；

（15）关闭汽提蒸汽流量阀 FV4007；

（16）关闭 T401 切液阀 LV4007。

任务实施

一、任务准备

（1）根据现场情况选择合适的安全防护用品。

（2）根据任务目标进行人员的岗位安排。

（3）准备相应的工作报告或记录卡。

二、实施要点

（1）岗位分工明确，确定岗位职责。

（2）防护用品使用合理。

（3）联合进行停车操作。

一氧化碳变换工段停车操作主要岗位及职责

序号	岗位	职责

任务评价

工作报告

班级：　　　　姓名：　　　　学号：　　　　成绩：

工作任务	
任务目标	
任务准备	
任务实施	
注意事项	
学习反思	

任务六　事故判断及处理

任务描述

通过对煤制甲醇仿真工厂中变换工段的开车、停车操作,分析总结出现的故障,找出故障的相应解决措施,确保各设备能正常运行。

任务目标

知识:认识一氧化碳变换过程中出现的事故及现象。

技能:能够根据相应的危险因素选择合适的防护措施;能够分析出现故障的原因及处理措施。

素养:具备标准意识、规范意识、实事求是、精益求精的工匠精神。

必备知识

主要事故名称、现象及处理方法见表4-3。

表4-3　主要事故举例

序号	事故名称	现象	处理方法
1	锅炉给水中断	低压蒸发器液位持续下降,发现锅炉给水中断	(1)切断进工序大阀VA4001; (2)切断出工序大阀VA4017; (3)切断出工序放空阀PV4005; (4)关闭V401切液阀LV4001; (5)关闭E402上水阀LV4002; (6)关闭E403上水阀LV4003; (7)关闭V402切液阀LV4004; (8)关闭V403切液阀LV4005A; (9)关闭密封水流量调节阀FV4005; (10)关闭V404切液阀LV4006; (11)关闭汽提蒸汽流量阀FV4007; (12)关闭T401切液阀LV4007
2	密封水中断	V404密封水流量突然降低至零,发现密封水中断	(1)切断进工序大阀VA4001; (2)切断出工序大阀VA4017; (3)切断出工序放空阀PV4005; (4)关闭V401切液阀LV4001; (5)关闭V402切液阀LV4004; (6)关闭V403切液阀LV4005A; (7)关闭密封水流量调节阀FV4005; (8)关闭V404切液阀LV4006; (9)关闭汽提蒸汽流量阀FV4007; (10)关闭T401切液阀LV4007

续表

序号	事故名称	现象	处理方法
3	循环水中断	E404、E405 冷却后的温度升高,循环水中断	(1)切断进工序大阀 VA4001; (2)切断出工序大阀 VA4017; (3)切断出工序放空阀 PV4005; (4)关闭 V401 切液阀 LV4001; (5)关闭 V402 切液阀 LV4004; (6)关闭 V403 切液阀 LV4005A; (7)关闭密封水流量调节阀 FV4005; (8)关闭 V404 切液阀 LV4006; (9)关闭汽提蒸汽流量阀 FV4007; (10)关闭 T401 切液阀 LV4007; (11)关闭 E404 脱盐水上水阀 VA4013; (12)关闭 E404 脱盐水回水阀 VA4014; (13)关闭 E405 循环水上水阀 VA4015; (14)关闭 E405 循环水回水阀 VA4016
4	LV4004 阀门故障处理	分离器 V402 液位偏高,阀门调节流量未起作用	(1)打开 LV4004 副线阀,将 V404 液位控制在 50%; (2)关闭 LV4004; (3)关闭 LV4004 前阀; (4)关闭 LV4004 后阀; (5)检修 LV4004
5	变换炉压差过大	变换炉压差过大	(1)切断进工序大阀 VA4001; (2)切断出工序大阀 VA4017; (3)打开出工序放空阀 PV4005,控制系统压力以 0.1MPa/min 的速度卸压

任务实施

一、任务准备

（1）根据现场情况选择合适的安全防护用品。
（2）根据任务目标进行人员的岗位安排。
（3）准备相应的工作报告或记录卡。

二、实施要点

（1）合理使用防护用品。
（2）排查其他故障并填写表格。

一氧化碳变换工段主要事故及处理

序号	故障名称	现象	处理方式

任务评价

工作报告

班级：　　　　　姓名：　　　　　学号：　　　　　成绩：

工作任务	
任务目标	
任务准备	
任务实施	
注意事项	
学习反思	

项目五　　　　　　　　　　　　　　　　　　　　低温甲醇洗

工段任务

低温甲醇洗是一种典型的物理吸收过程。利用低温下极性的甲醇溶剂对极性分子 CO_2、H_2S 等酸性气体有强的溶解能力，而对 H_2、CH_4、N_2 等非极性气体的溶解能力很弱的特点，实现对变换气中的 CO_2、H_2S 等酸性气体的脱除，生成合格净化气，满足甲醇合成工段的要求。脱除后的 CO_2、H_2S 气体，先后经过 CO_2 产品塔和 H_2S 浓缩塔实现 CO_2 和 H_2S 的分离，CO_2 送往 CO_2 产品单元，H_2S 送入硫回收单元。

工段目标

基本目标：能够根据低温甲醇洗的操作规程进行正确的生产，养成严谨的工作态度和精益求精的职业精神。

拓展目标：能够对主要设备、仪表进行维护和保养，熟悉常见故障及排除方法。

任务一　梳理工艺流程

任务描述

通过对煤制甲醇仿真工厂中甲醇洗工段的分析,掌握低温甲醇洗的原理,梳理主要工艺流程。

任务目标

知识:掌握低温甲醇洗的反应原理;掌握工艺流程及操作。
技能:能够进行准确的识图制图;能够准确描述甲醇洗的过程。
素养:具备标准意识、规范意识、实事求是、精益求精的工匠精神。

必备知识

一、工艺原理

低温甲醇洗以拉乌尔定律和亨利定律为基础,是一个物理吸收和解吸的过程,吸收过程中的控制因素是温度、压力和浓度,工艺操作条件为低温、高压。通过低温状态下的甲醇对 H_2S 和 CO_2 等酸性气体的选择性吸收,来脱除粗变换气中的酸性气体。吸收后的甲醇经过减压加热再生,分别释放 CO_2、H_2S 气体,即物理解吸过程。富甲醇通过用再沸器中产生的蒸气进行闪蒸和汽提再生。甲醇水分离塔保持甲醇循环中的水平衡。尾气洗涤塔使随尾气的甲醇损耗降低到最低程度。酸性气体通到克劳斯(Claus)气体装置进行进一步净化。

低温甲醇洗工艺一般具有三个任务:①净化原料气;②回收副产品;③进行环保处理。

通常,低温甲醇洗分为一步法和两步法。

一步法:在以煤为原料、气化工艺采用冷激流程时,同时脱除变换气中的二氧化碳、硫化物和氢氰酸等杂质。如图 5-1 所示。

两步法:原料气气化工艺采用废锅流程时,先在 CO 变换前用吸收了二氧化碳的低温甲醇脱除原料气中的硫化物、氢氰酸等杂质,然后在变换后用低温甲醇贫液脱除变换气中的 CO_2。如图 5-2 所示。

煤气的湿法脱硫:湿式氧化法

煤气的干法脱硫:氧化锌法

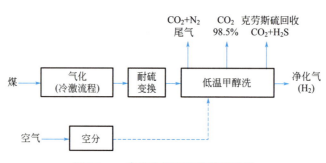

图 5-1　一步法低温甲醇洗装置配置

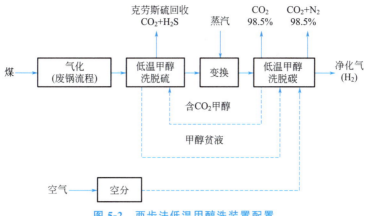

图 5-2 两步法低温甲醇洗装置配置

二、工艺流程

甲醇洗流程包括：原料变换气冷却、酸性气体 H_2S/CO_2 吸收、甲醇溶液闪蒸再生与有用气体 H_2、CO 等的回收、CO_2 解吸与 CO_2 产品气回收、H_2S 浓缩（N_2 气提）、甲醇溶液热再生与 H_2S 回收、甲醇/水分离、尾气水洗回收甲醇。低温甲醇洗工艺流程图如图 5-3 所示。

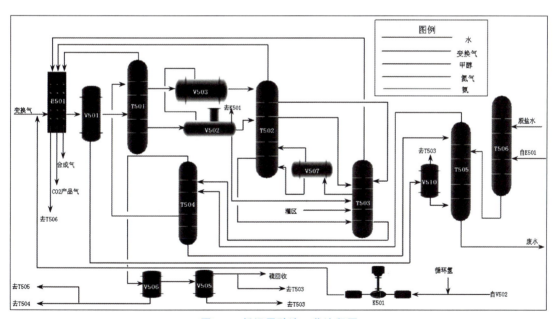

图 5-3 低温甲醇洗工艺流程图

来自变换单元的变换气［温度：40℃，压力：3.3MPa（G），流量：97256kg/h］，先喷射少量甲醇（流量：663kg/h），经 E501 与合成气、CO_2 气和尾气换热后，温度降至 -13℃，并在 V501 罐分离甲醇/水混合物后，进入吸收塔 T501 脱硫段（图 5-4），其中 T501 分为四段，最下段为脱硫段（称为下塔），上面的三段为脱碳段（称为上塔）。在脱硫段变换气经富含 CO_2 的甲醇液洗涤，脱除 H_2S、COS 和

煤气干法脱硫的特点

部分CO_2等组分后进入脱碳段，进入脱碳段的气体不含硫，在T501塔顶用贫甲醇液（温度：−54.51℃，流量212362kg/h）洗涤。净化气[CO_2含量：≤20mg/m³，H_2S含量：≤0.1mg/m³，温度：−54.51℃，压力：3.15MPa(G)，流量：7301kg/h]由塔顶引出，其中的一部分送往界区外的换热器，经换热升温后和另一部分汇合，汇合后的合成气经E517、E501复热升温后送往甲醇合成工段。其中吸收塔T501设有两个中间冷却器E505和E506，用来移走甲醇因吸收CO_2所产生的溶解热。

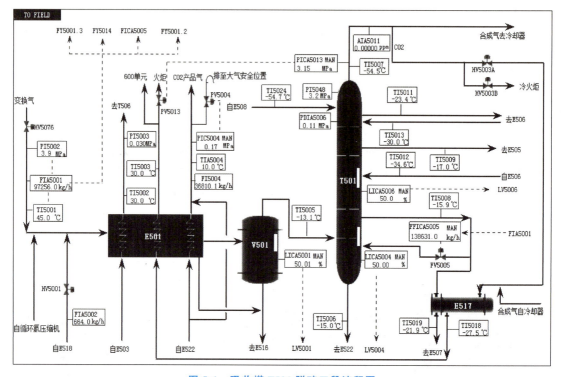

图 5-4　吸收塔 T501 脱硫工段流程图

吸收了H_2S和CO_2后，从T501塔脱硫段出来的含硫富甲醇液经过换热器E522、E507、E519，分别与CO_2气、V507罐底甲醇、氨冷器换热降温再减压至0.9MPa(G)后，在V502罐闪蒸出溶解的氢气、CO及少量CO_2、H_2S等气体。同样，从吸收塔脱碳段出来的不含硫的甲醇液经过换热器E517、E507、E504，分别与来自600单元的合成气、V507罐底甲醇、氨冷器换热降温再减压至0.9MPa(G)后，在V503罐闪蒸出溶解的氢气、CO及少量CO_2等气体。两部分闪蒸气体经循环氢压缩机增压后返回到E501前变换气中。

从V502罐出来的含硫甲醇减压至0.19MPa(G)后，一部分送入T502塔下部（图5-5），闪蒸出溶解的CO_2，同时溶解的H_2S也部分闪蒸出来；另一部分含硫甲醇从V502罐出口直接送入T503塔上段，二者的流量根据CO_2产品气量的要求调节。从V503罐出来的不含硫甲醇液进入T502塔顶，闪蒸出溶解的CO_2气，液相部分回到T502塔内对塔内的含硫气体进行洗涤后，至T502塔一层塔盘处，一部分靠压差送入T503塔顶部，另一部分作为回流液，洗涤T502塔二段含硫气体。T502塔顶得到CO_2产品气（36732kg/h），与含硫甲醇及变换气换热后送入产品单元。

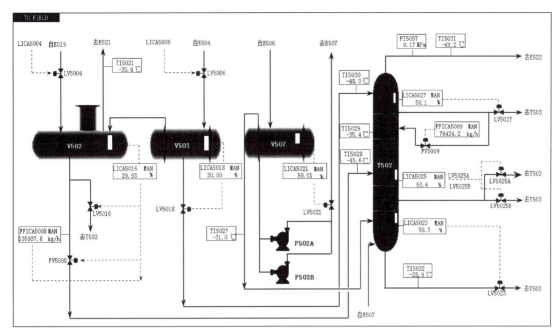

图 5-5 洗涤塔 T502 工段流程图

从 T502 塔二层采出的液体靠压差送入 T503 塔上段下部（图 5-6），再进一步闪蒸出部分溶解的 CO_2，同时溶解的 H_2S 也部分闪蒸出来，T503 塔顶用从 T502 塔来的不含硫甲醇液洗涤，以吸收气体中的硫化物，塔顶得到不含硫的尾气。尾气经 E503、E501 与贫甲醇液、变换气换热升温后，再经 T506 塔用水（脱盐水及 T505 塔底的部分废水）洗涤后，尾气中甲醇含量<190mg/m³，总硫含量<20mg/m³ 时在 50m 高度排放。而 T506 塔含有少量

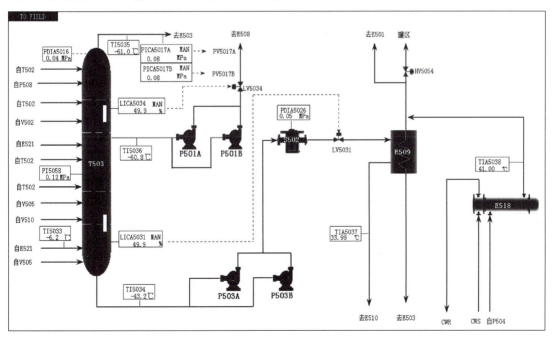

图 5-6 T503 工段流程图

项目五 低温甲醇洗 | 139

甲醇的洗涤水经 P507 泵，再经换热器 E520 与 T505 塔釜废水换热后送入甲醇/水分离塔 T505，回收废水中的甲醇。

从 T503 塔上段下部采出的含硫的甲醇液，作为系统温度最低的冷源用泵 P501A/B 送至 E508、E506 与贫甲醇换热升温后进入 V507 罐，闪蒸出部分溶解的 CO_2 等气体，送入 T502 塔下部；V507 的液体经 P502 泵送至 E507 与不含硫甲醇、含硫甲醇进一步换热升温后也进入 T502 塔底部，闪蒸出溶解的气体。

T502 塔下部的甲醇靠压差送入 T503 塔下段，用气提氮气提后得到 CO_2 含量较低而且温度也较低的甲醇液，用 P503 泵送至换热器 E509 和 E510，与从热再生塔 T504 来的贫甲醇换热后进入 T504 塔，经塔釜再沸器 E511 [采用 0.5MPa(G) 蒸汽加热] 进行热再生，塔底得到贫甲醇，塔顶得到富含 H_2S 的气体（H_2S 含量≥25%），部分气体送至硫回收单元，另一部分气体则返回 T503 用于增浓甲醇中的 H_2S 含量。T504 工段流程图如图 5-7 所示。

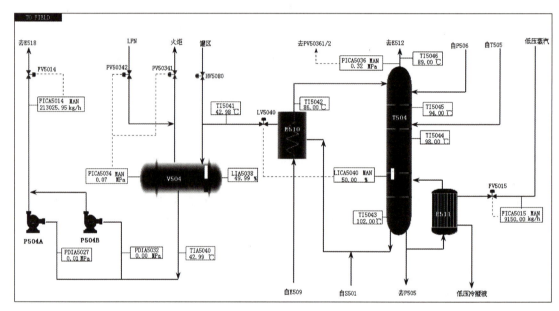

图 5-7　T504 工段流程图

贫甲醇从 T504 塔釜采出，经 E510、E518、E509、E503 和 E508 换热降温至 −54.51℃ 后，送到吸收塔 T501 顶部，作为 T501 塔的洗涤甲醇液。

T504 塔顶得到的 H_2S 浓度较高的气体，经过水冷器 E512 冷却后，进入 V506 罐中，气液分离后，液相用 P506A/B 泵送回 T504 作为回流液，气相 H_2S 气体经换热器 E514、E513 进入 V505，氨冷器进一步冷却后，在 V505 中分离以回收气体中的甲醇，分离出的液体返回到 T503 塔下塔，气相经 E514 换热后，送克劳斯硫回收单元（部分 H_2S 气体返回 T503 塔）。

T504 塔底的甲醇液经过 P505 泵、过滤器 S501 后，一部分经 E516 与 V501 罐来的甲醇/水混合液换热后，进入 T505 塔顶部作为回流。另一部分经 E510 与 T503 底来的富硫甲醇换热后到 V504 罐。

从 V501 罐分离出来的含水甲醇还含有 CO_2，经 E516 换热后进入甲醇/CO_2 闪蒸罐

V510 分离后,气相返回到 T503 塔下塔,液相送入甲醇水分离塔 T505 中部;从尾气水洗塔 T506 塔底来的含有少量甲醇的水溶液也进入 T505 塔中部(图 5-8)。

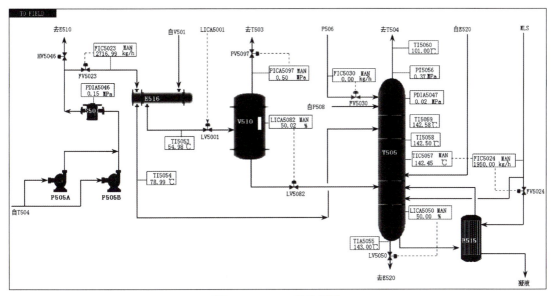

图 5-8　T505 工段流程图

来自 V510 罐甲醇液及 T506 塔底来的含有少量甲醇的水溶液进入 T505 塔,进行甲醇/水分离(塔釜再沸器 E515,用 1.0MPa 蒸汽加热),得到较纯的甲醇蒸气,被送回 T504 塔。T505 塔底得到废水,一部分送往 T506 塔顶,另一部分排至水处理单元。如图 5-9～图 5-12 所示。

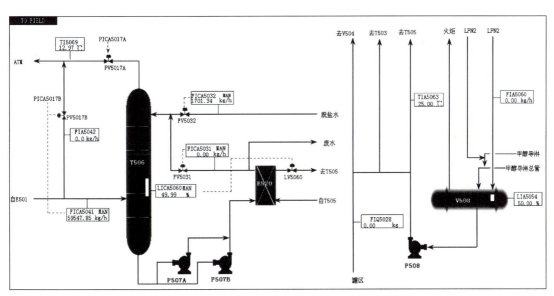

图 5-9　T506 工段流程图

低温甲醇洗的主要产品流为:
变换气:CO_2 含量 32.1%,CO 含量 19.02%,H_2S 含量 0.23%,H_2 含量 46.02%。

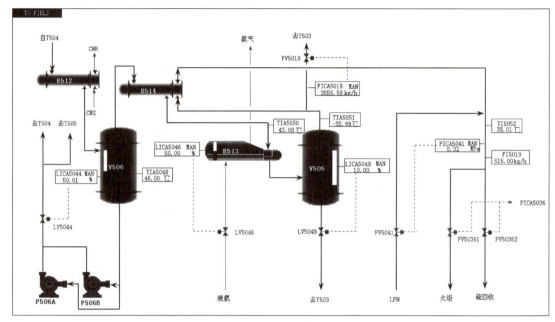

图 5-10　V505 工段流程图

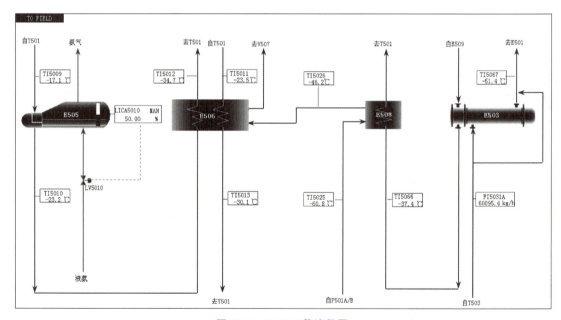

图 5-11　E505 工段流程图

甲醇合成气：CO_2 含量 $\leqslant 1.8\% \sim 3.0\%$（摩尔分数），总硫 $< 0.1 \times 10^{-6}$（摩尔分数）。
放空尾气：几乎无硫，主要为 CO_2 和 N_2。
酸性气体：主要由 CO_2 和 H_2S 组成。
甲醇水分离塔排放废水组成：甲醇含量（质量分数）$\leqslant 0.5\%$。

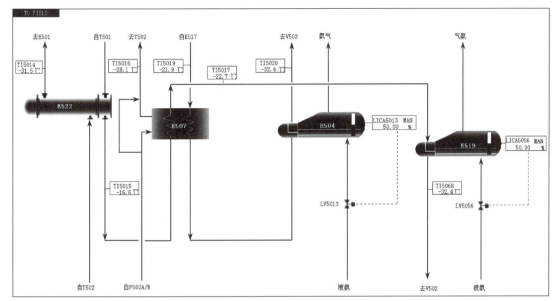

图 5-12　E507 工段流程图

任务实施

一、任务准备

（1）根据现场情况选择合适的安全防护用品。
（2）根据任务目标进行人员的分工安排。
（3）准备相应的工作报告记录卡。

二、实施要点

（1）组员分工明确。
（2）防护用品使用合理。
（3）分析低温甲醇洗的作用原理。
（4）梳理工艺，绘制工艺框线流程。

绘制低温甲醇洗的工艺框线流程

任务评价

工作报告

班级：　　　　　姓名：　　　　　学号：　　　　　成绩：

工作任务	
任务目标	
任务准备	
任务实施	
注意事项	
学习反思	

任务二 认识甲醇洗设备

任务描述

通过对煤制甲醇仿真工厂中甲醇洗工段的分析,根据视频资源,掌握主要设备的结构及作用原理。

任务目标

知识:掌握低温甲醇洗的主要设备。
技能:能在厂区找出相应的设备。
素养:具备标准意识、规范意识、实事求是、精益求精的工匠精神。

吸收解吸的
单元操作

必备知识

甲醇洗装置包括:原料变换气冷却,酸性气体 H_2S/CO_2 吸收,甲醇溶液闪蒸再生与有用气体 H_2、CO 等的回收,CO_2 解吸与 CO_2 产品气回收,H_2S 浓缩(N_2 气提),甲醇溶液热再生与 H_2S 回收,甲醇/水分离,尾气水洗回收甲醇,见表 5-1。

表 5-1 甲醇洗工段主要设备

序号	设备位号	设备名称	主要作用
塔			
1	T501	H_2S、CO_2 吸收塔	利用 H_2S、CO_2 在低温甲醇中的溶解度较大,吸收变换气中的 H_2S、CO_2
2	T502	CO_2 产品塔	利用闪蒸原理,降低压力,使溶解在甲醇中的 CO_2 解吸出来
3	T503	H_2S 浓缩塔	利用气提原理,使甲醇溶液中的 H_2S 浓度增大,使尾气排放达到排放标准
4	T504	热再生塔	利用蒸汽加热,使溶解在甲醇中的 CO_2、H_2S 彻底解吸,得到贫甲醇
5	T505	甲醇/水分离塔	利用精馏原理,使系统甲醇中的水含量达标,回收甲醇
6	T506	尾气洗涤塔	利用吸收原理,回收尾气中甲醇,使尾气中甲醇达到排放标准
罐			
1	V501	甲醇/水分离器	分离原料气与甲醇/水混合物,甲醇/水混合物去 T505 塔精馏,回收甲醇
2	V502	含硫甲醇闪蒸罐	闪蒸溶解在含硫甲醇中的有效气,回收有效气
3	V503	无硫甲醇闪蒸罐	闪蒸溶解在无硫甲醇中的有效气,回收有效气
4	V504	甲醇中间储罐	存储系统中经过再生的贫甲醇

项目五 低温甲醇洗

续表

序号	设备位号	设备名称	主要作用
5	V505	H_2S 气体分离罐	使 H_2S 气体与冷甲醇分离,降低 H_2S 气体中的甲醇含量,减少甲醇损失
6	V506	热再生塔回流罐	使甲醇液与酸性气分离,回收甲醇,为热再生塔提供回流,使热再生塔顶温度在一定范围内
7	V507	循环甲醇闪蒸罐	分离出循环甲醇中由于温升而解吸出来的 CO_2、H_2S 气体
8	V510	甲醇/CO_2 闪蒸罐	分离出甲醇/水混合物中由于温升而解吸出来的 CO_2、H_2S 气体,稳定甲醇/水分离塔操作压力
双泵、压缩机及过滤器			
1	P501	富甲醇泵	将最冷物流加压后为系统提供冷量
2	P502	闪蒸甲醇泵	将 V507 中的闪蒸甲醇加压后为系统提供冷量
3	P503	热再生塔进料泵	为热再生塔提供进料
4	P504A/B	贫甲醇泵	为 CO_2、H_2S 吸收塔提供贫甲醇,使贫甲醇压力达到工艺要求
5	P505	甲醇/水分离塔进料泵	为甲醇/水分离塔提供回流,稳定甲醇/水分离塔顶操作温度
6	P506	热再生塔塔顶回流泵	为热再生塔和甲醇/水分离塔提供回流
7	P507	尾气洗涤塔塔底泵	为甲醇/水分离塔提供进料
8	S501	贫甲醇过滤器	过滤出贫甲醇中的杂质
9	S502	富甲醇过滤器	过滤富甲醇中的杂质,减少 E510 换热器污垢
换热器			
1	E501	进料气冷却器	预冷原料气,使原料气中的甲醇/水混合物冷凝,回收系统中的冷量
2	E503	3#贫甲醇冷却器	与液氮洗单元返回合成气换热,进一步降低贫甲醇温度
3	E504	无硫甲醇氨冷器	利用液氨蒸发使无硫甲醇温度降低,闪蒸时 CO_2、H_2S 尽量少解吸
4	E505	洗涤塔段间氨冷器	利用液氨蒸发,移走吸收塔中的溶解热
5	E506	洗涤塔段间冷却器	移走吸收塔中的溶解热
6	E507	循环甲醇换热器	与循环甲醇换热,进一步降低无硫甲醇和含硫甲醇温度
7	E508	4#贫甲醇冷却器	与系统最冷物料换热,使贫甲醇温度达到工艺要求
8	E509	2#贫甲醇冷却器	与 H_2S 浓缩塔底来的物料换热,进一步降低贫甲醇温度
9	E510	1#贫甲醇冷却器	与 E509 来的物料换热,降低贫甲醇温度,加热热再生塔进料

续表

序号	设备位号	设备名称	主要作用
10	E511	热再生塔再沸器	利用蒸汽加热热再生塔底物料,彻底解吸溶解在甲醇液中的 CO_2、H_2S
11	E512	热再生塔塔顶水冷器	与循环水换热,使热再生塔顶酸性气中的大部分甲醇蒸气冷凝下来
12	E513	H_2S 馏分氨冷器	利用液氨蒸发,使酸性气中的少部分甲醇蒸气冷凝下来
13	E514	H_2S 馏分冷交换器	利用液氨蒸发,使酸性气中的少部分甲醇蒸气冷凝下来
14	E515	甲醇/水分离塔再沸器	利用蒸汽加热甲醇/水分离塔底物料,使水中甲醇彻底分离
15	E516	甲醇/水分离塔进料加热器	回收甲醇/水分离塔回流物料热量,使甲醇/水混合物温度达到要求
16	E517	无硫甲醇冷却器	与液氮洗单元返回合成气换热,降低无硫甲醇温度
17	E518	贫甲醇水冷器	利用冷却水的冷量给贫甲醇降温
18	E519	含硫甲醇氨冷器	利用液氨蒸发使含硫甲醇温度降低,闪蒸时 CO_2、H_2S 尽量少解吸
19	E520	废水冷却器	回收废水热量,使尾气洗涤塔底物料温度达到要求
20	E522	含硫甲醇冷却器	与 CO_2 产品气换热,降低含硫甲醇温度

任务实施

一、任务准备

（1）根据现场情况选择合适的安全防护用品。
（2）根据任务目标进行人员的分工安排。
（3）准备相应的工作报告记录卡。

二、实施要点

（1）组员分工明确。
（2）防护用品使用合理。
（3）在厂区找出相应设备进行学习并标注位置。

低温甲醇洗工段主要设备结构及位置

序号	设备名称	结构	作用	位置

> 任务评价

工作报告

班级：　　　　姓名：　　　　学号：　　　　成绩：

工作任务	
任务目标	
任务准备	
任务实施	
注意事项	
学习反思	

任务三 冷态开车操作

任务描述
通过对煤制甲醇仿真工厂中甲醇洗工段的原理、工艺等的学习,确定岗位,进行开车操作,生产合格甲醇原料气。

任务目标
知识:掌握低温甲醇洗仿真开车操作过程;掌握甲醇洗工段主要岗位及职责。
技能:能根据相应的危险因素选择合适的防护措施;学会化工仿真操作技术。
素养:具备标准意识、规范意识、实事求是、精益求精的工匠精神。

必备知识
开车操作规程如下。

1. 氮气充压
(1) 打开阀门 HV5003A;
(2) 将 PICA5013 投自动;
(3) PICA5013 设定值设为 2.9MPa;
(4) T501 塔顶压力 PICA5013 维持在 2.9MPa;
(5) 打开 N_2 开车管线阀门 VA5001,给 T501 塔充压至 2.9MPa;
(6) 打开 N_2 开车管线阀门 VA5023,给 V502/V503 充压;
(7) 将 PIC5004 投自动;
(8) 将 PIC5004 设定值设为 0.17MPa;
(9) CO_2 产品气 E501 出口压力 PIC5004 维持在 0.17MPa;
(10) 打开 N_2 开车管线阀门 VA5011,T502 塔充压至 0.17MPa;
(11) 将 PICA5017A/B 投自动;
(12) 将 PICA5017A/B 设定值设为 0.08MPa;
(13) T503 塔塔顶压力 PICA5017 维持在 0.08MPa;
(14) 稍开 V502 控制阀 LV5016,将 V502 压力导入给 T503 塔充压;
(15) 待 PICA5017A/B 接近 0.08MPa,关闭控制阀 LV5016;
(16) 打开控制阀 PICA5041,氮气经 V505、E513、E514、V506、E512 给 T504 塔充压;
(17) 将 PICA5036 投自动;
(18) 将 PICA5036 设定值设为 0.32MPa;
(19) T504 塔顶压力 PICA5036 维持在 0.32MPa;
(20) 打开阀门 VD5014,氮气给 T505 充压;
(21) 打开控制阀 LV5001,氮气经 E516 给 V510 罐充压;
(22) 打开阀门 VD5020;
(23) 打开 V510 罐顶控制阀 PV5097;

(24) 将 PICA5097 投自动；

(25) 将 PICA5097 设定值设为 0.50MPa；

(26) 打开控制阀 PV50342，氮气给 V504 罐充压；

(27) 将 PICA5034 投自动；

(28) 将 PICA5034 设定值设为 0.07MPa。

2. 灌装甲醇

(1) 打开罐区补甲醇阀 VA5028，为 T503 塔建液位；

(2) 开启泵 P503 电源开关；

(3) 打开 T503 液位控制阀 LV5031，将多余甲醇经 S502、E509、E510 送至 T504 塔；

(4) 当 LICA5031 液位下降至 50%时，投自动；

(5) 将 LICA5031 设定值设为 50%；

(6) 当 LICA5040 液位接近 50%时，打开控制阀 LV5040，甲醇经 E510 送至 V504 罐；

(7) 打开贫甲醇水冷器 E518 的冷水进口阀 VA5013；

(8) 当 LIA5038 液位达到 50%时，打开泵 P504A 前阀 VD5010；

(9) 开启泵 P504A 电源开关；

(10) 打开泵 P504A 后阀 VD5011；

(11) 打开流量控制阀门 FV5014，将甲醇经 E518、E509、E503、E508 送至 T501 上塔；

(12) 当 LICA5006 液位接近 50%时，打开控制阀 LV5006，甲醇经 E517、E507、E504 送至 V503 罐；

(13) 同时打开流量控制阀 FV5005，为 T501 塔釜建立液位；

(14) 当 T501 塔底液位接近 50%时，打开控制阀 LV5004，甲醇经 E522、E507、E519 送至 V502 罐；

(15) 当 V502 液位接近 30%时，打开控制阀 LV5016，甲醇送至 T503 上塔；

(16) 当 V503 液位接近 30%时，打开控制阀 LV5018，甲醇送至 T502 上塔；

(17) 当 T502 上塔盘液位接近 50%时，打开控制阀 LV5027，甲醇送至 T503 塔；

(18) 打开 T502 回流流量控制阀 FV5009；

(19) 打开 T502 进料流量控制阀 FV5008，给 T502 中部建立液位；

(20) 当 T502 中部塔盘液位接近 50%时，打开控制阀 LV5025A，甲醇溶液由 T502 送至 T503 上塔部；

(21) 开启泵 P501 电源开关；

(22) 打开 T503 液位控制阀 LV5034，甲醇溶液由泵 P501 经 E508、E506 送至 V507 罐；

(23) 开启泵 P502 电源开关；

(24) 打开 V507 液位控制阀 LV5021，甲醇溶液由泵 P502 经 E507 送至 T502 下塔底部；

(25) 当 T502 塔底液位接近 50%时，打开控制阀 LV5023，甲醇溶液由 T502 塔底送至 T503 塔底，至此完成甲醇循环；

(26) 根据甲醇循环系统的需要，逐渐关闭罐区补甲醇阀 VA5028。

3. 系统冷却

(1) 打开控制阀 LV5010，液氨送至 E505；

(2) LICA5010 液位达至 50% 时，投自动；
(3) 将 LICA5010 设定值设为 50%；
(4) 氨冷器 E505 液位 LICA5010 维持在 50%；
(5) 打开控制阀 LV5013，液氨送至 E504；
(6) 当 LICA5013 液位达至 50% 时，投自动；
(7) 将 LICA5013 设定值设为 50%；
(8) 氨冷器 E504 液位 LICA5013 维持在 50%；
(9) 打开控制阀 LV5056，液氨送至 E519；
(10) 当 LICA5056 液位达至 50% 时，投自动；
(11) 将 LICA5056 设定值设为 50%；
(12) 氨冷器 E519 液位 LICA5056 维持在 50%；
(13) 说明语句：降温速率控制在 5℃/h 以内。

4. 热再生塔系统投用

(1) 说明语句：当进再生塔溶液温度到 0~10℃时投用热再生塔；
(2) 打开热再生塔塔顶水冷器 E512 冷水进口阀 VA5016；
(3) 逐渐开大热再生塔再沸器 E511 的蒸汽控制阀 FV5015；
(4) 当 FICA5015 流量达到 9150kg/h 时，投自动；
(5) 将 FICA5015 设定值设为 9150kg/h；
(6) 说明语句：调整 LICA5040，稳定 T504 塔进出甲醇溶液量的平衡；
(7) 开启泵 P506 电源开关；
(8) 当 LICA5044 液位达至 50% 时，投自动；
(9) 将 LICA5044 设定值设为 50%；
(10) 打开氨冷器 E513 液氨控制阀 LV5046；
(11) 当 LICA5046 液位达至 50% 时，投自动；
(12) 将 LICA5046 设定值设为 50%；
(13) 打开 LV5048 控制阀的前阀 VD5004；
(14) 打开 LV5048 控制阀的后阀 VD5005；
(15) 当 LICA5048 液位达至 10% 时，投自动；
(16) 将 LICA5048 设定值设为 10%；
(17) T505 塔第 15 块塔板温度 TIC5057 达到 142℃左右。

5. 甲醇水分离塔投用

(1) 打开进料控制阀 FV5032，向 T506 塔补充脱盐水；
(2) 当 FICA5032 流量达至 1700kg/h 时，投自动；
(3) 将 FICA5032 设定值设为 1701kg/h；
(4) 开启泵 P507 电源开关；
(5) 打开控制阀 LV5060，脱盐水经 E520 送至 T505 塔；
(6) 当 LICA5050 液位达到 50% 时，打开控制阀 LV5050；
(7) 打开 T506 回流控制阀 FV5031；
(8) 说明语句：脱盐水在 T506→LV5060→E520→T505→T506 内闭路循环；
(9) 打开再沸器 E515 蒸汽进口控制阀 FV5024 前阀 VD5021；

(10) 打开再沸器 E515 蒸汽进口控制阀 FV5024 后阀 VD5022；

(11) 打开再沸器 E515 蒸汽进口控制阀 FV5024；

(12) 打开再沸器 E515 蒸汽出口阀 VD5023；

(13) 开启泵 P505 电源开关；

(14) 打开 HV5046；

(15) 打开 T505 回流控制阀 FV5023，经 E516 回流至 T505 塔；

(16) 当 FIC5023 流量达至 2717kg/h 时，投自动；

(17) 将 FIC5023 设定值设为 2717kg/h。

6. 变换气导入

(1) 说明语句：当 T501 塔温度 TI05024＜－20℃时，可以导变换气；

(2) 逐渐打开注射甲醇控制阀 HV5001，稳定 FI5002 流量在 664kg/h；

(3) 打开阀门 VA5003；

(4) 打开 VA5029，气提氮气导入 T503；

(5) 充压一段时间后，稍开变换气送气主阀 HV5076；

(6) 将 PICA5013 置手动，并调整 PV5013 的开度；

(7) 导入变换气之后各系统压力保持稳定状态，关闭至吸收塔 T501 的 N_2 开车管线阀门 VA5001；

(8) 关闭至 V502/V503 的 N_2 开车管线阀门 VA5023；

(9) 关闭至产品塔 T502 的 N_2 开车管线阀门 VA5011；

(10) 调小至塔 T504 的 N_2 开车管线阀门 PV5041 开度；

(11) 打开压缩机循环氢阀门 VA5008；

(12) 说明语句：当分析净化气中 CO_2 达到工艺要求时，导气结束。

7. 送气

(1) 系统趋于稳定降温后，逐渐关闭 HV5003A 阀；

(2) 逐渐打开 600 单元合成气进料阀 VA5027。

8. 调节至正常

(1) 变换气流量 FIA5001 维持在 97256kg/h；

(2) 注射甲醇流量 FIA5002 维持在 664kg/h；

(3) CO_2 产品气 E501 出口流量 FI5004 维持在 36733kg/h；

(4) T501 塔下塔回流甲醇流量 FFICA5005 维持在 138627kg/h；

(5) V502 罐含硫甲醇 T502 塔入口流量 FFICA5008 维持在 134632kg/h；

(6) T502 塔一层塔盘回流液流量 FFICA5009 维持在 76295kg/h；

(7) 贫甲醇泵 P504 出口流量 FICA5014 维持在 213025kg/h；

(8) T504 塔再沸器加热蒸汽流量 FICA5015 维持在 9150kg/h；

(9) V505 罐来的 H_2S 气体 T503 塔入口流量 FICA5018 维持在 3557kg/h；

(10) 贫甲醇 E516 入口流量 FIC5023 维持在 2716kg/h；

(11) T505 塔再沸器加热蒸汽流量 FIC5024 维持在 1950kg/h；

(12) 尾气 T506 塔入口流量 FICA5041 维持在 59505kg/h；

(13) T501 塔顶压力 PICA5013 维持在 3.15MPa；

(14) CO_2 产品气 E501 出口压力 PIC5004 维持在 0.17MPa；

(15) 循环氢压缩机入口压力 PICA5007 维持在 0.89MPa；
(16) T503 塔塔顶压力 PICA5017 维持在 0.08MPa；
(17) V504 罐罐顶压力 PICA5034 维持在 0.07MPa；
(18) T504 塔顶压力 PICA5036 维持在 0.32MPa；
(19) V510 罐顶压力 PICA5097 维持在 0.5MPa；
(20) V501 罐液位 LICA5001 维持在 50%；
(21) T501 塔底液位 LICA5004 维持在 50%；
(22) T501 塔三层塔盘液位 LICA5006 维持在 50%；
(23) 氨冷器 E505 液位 LICA5010 维持在 50%；
(24) 氨冷器 E504 液位 LICA5013 维持在 50%；
(25) 氨冷器 E519 液位 LICA5056 维持在 50%；
(26) 氨冷器 E513 液位 LICA5046 维持在 50%；
(27) V502 罐液位 LICA5016 维持在 30%；
(28) V503 罐液位 LICA5018 维持在 30%；
(29) V507 罐液位 LICA5021 维持在 50%；
(30) T502 塔塔底液位 LICA5023 维持在 50%；
(31) T502 塔二层塔盘液位 LICA5025 维持在 50%；
(32) T502 塔一层塔盘液位 LICA5027 维持在 50%；
(33) T503 塔塔底液位 LICA5031 维持在 50%；
(34) T503 塔一层塔盘液位 LICA5034 维持在 50%；
(35) V504 罐液位 LICA5038 维持在 50%；
(36) T504 塔液位 LICA5040 维持在 50%；
(37) V506 罐液位 LICA5044 维持在 50%；
(38) V505 罐液位 LICA5048 维持在 10%；
(39) V510 罐液位 LICA5082 维持在 10%；
(40) T505 塔液位 LICA5050 维持在 50%；
(41) T506 塔液位 LICA5060 维持在 50%。

任务实施

一、任务准备

(1) 根据现场情况选择合适的安全防护用品。
(2) 根据任务目标进行人员的分工安排。
(3) 准备相应的工作报告记录卡。

二、实施要点

(1) 组员分工明确。
(2) 防护用品使用合理。
(3) 明确岗位职责。

低温甲醇洗冷态开车操作主要岗位及职责

序号	岗位	职责

任务评价

工作报告

班级：　　　　　姓名：　　　　　学号：　　　　　成绩：

工作任务	
任务目标	
任务准备	
任务实施	
注意事项	
学习反思	

任务四　调整工艺指标

任务描述

通过对煤制甲醇仿真工厂中甲醇洗工段的分析,熟悉工艺参数,能够对工艺指标进行调整。

任务目标

知识:掌握低温甲醇洗过程的工艺参数。
技能:能够进行准确的指标控制。
素养:具备标准意识、规范意识、实事求是、精益求精的工匠精神。

必备知识

本装置中低温甲醇洗工段的工艺参数如表5-2所示。

表5-2　甲醇洗工段工艺参数

序号	名称	仪表位号	单位	正常值
	流量			
1	变换气流量	FIA5001	kg/h	97256
2	注射甲醇流量	FIA5002	kg/h	663
3	CO_2产品气E501出口流量	FI5004	kg/h	36733
4	T501塔下塔回流液流量	FFICA5005	kg/h	138627
5	V502罐含硫甲醇T502塔入口流量	FFICA5008	kg/h	134632
6	T502塔一层塔盘回流液流量	FFICA5009	kg/h	76295
7	贫甲醇泵P504出口流量	FICA5014	kg/h	213025
8	T504塔再沸器加热蒸汽流量	FICA5015	kg/h	9150
9	V505罐来的H_2S气体T503塔入口流量	FICA5018	m^3/h	3557
10	H_2S气体换热器E514出口流量	FI5019	m^3/h	515
11	贫甲醇E516入口流量	FIC5023	kg/h	2716
12	T505塔再沸器加热蒸汽流量	FIC5024	kg/h	1950
13	T505塔底含甲醇废水去T506流量	FICA5031	kg/h	0~1392
14	尾气E503入口流量	FI50031A	kg/h	60020
15	脱盐水T506塔入口流量	FICA5032	kg/h	1701
16	尾气T506塔入口流量	FICA5041	kg/h	59505
17	尾气T506塔旁路流量	FIA5042	kg/h	0
	温度			
1	变换气温度	TI5001	℃	45.00
2	尾气E501出口温度	TI5002	℃	30.00
3	合成气E501出口温度	TI5003	℃	30.00
4	CO_2产品气E501出口温度	TIA5004	℃	10.00
5	变换气V501出口温度	TI5005	℃	−13.00

续表

序号	名称	仪表位号	单位	正常值
6	H_2S 富甲醇 T501 塔底出口温度	TI5006	℃	-14.9
7	净化气 T501 出口温度	TI5007	℃	-54.5
8	CO_2 富甲醇 T501 塔三层塔盘出口温度	TI5008	℃	-15.9
9	CO_2 富甲醇 E505 入口温度	TI5009	℃	-17.0
10	CO_2 富甲醇 E505 出口温度	TI5010	℃	-23.2
11	CO_2 富甲醇 T501 塔一层塔盘出口温度	TI5011	℃	-23.4
12	CO_2 富甲醇 T501 塔三层塔盘入口温度	TI5012	℃	-34.6
13	CO_2 富甲醇 T501 塔二层塔盘出口温度	TI5013	℃	-29.9
14	CO_2 产品气 E522 出口温度	TI5014	℃	-31.4
15	H_2S 富甲醇 E522 出口温度	TI5015	℃	-16.6
16	V507 罐甲醇 E507 出口温度	TI5016	℃	-28.0
17	H_2S 富甲醇 E507 出口温度	TI5017	℃	-22.7
18	合成气 E517 出口温度	TI5018	℃	-27.5
19	CO_2 富甲醇 E517 出口温度	TI5019	℃	-21.9
20	CO_2 富甲醇 E504 出口温度	TI5020	℃	-32.4
21	闪蒸氢气 V502 罐出口温度	TI5021	℃	-35.3
22	贫甲醇 E508 出口温度	TI5024	℃	-54.5
23	最冷物料 P501 泵出口温度	TI5025	℃	-60.6
24	最冷物料 E508 出口温度	TI5026	℃	-46.0
25	V507 罐气相出口温度	TI5027	℃	-30.8
26	H_2S 富甲醇 T502 塔入口温度	TI5028	℃	-45.5
27	CO_2 富甲醇 T502 塔入口温度	TI5030	℃	-48.0
28	CO_2 产品气 T502 塔出口温度	TI5031	℃	-49.2
29	富甲醇 T502 塔底出口温度	TI5032	℃	-28.8
30	气提氮 T503 塔入口温度	TI5033	℃	-6.2
31	H_2S 富甲醇 T503 塔底出口温度	TI5034	℃	-43.0
32	尾气 T503 塔顶出口温度	TI5035	℃	-61.0
33	最冷物料 P501 泵入口温度	TI5036	℃	-60.7
34	H_2S 富甲醇 E509 出口温度	TI5037	℃	34.0
35	热贫甲醇 E518 出口温度	TI5038	℃	41.0
36	贫甲醇 V504 罐出口温度	TI5040	℃	43.0
37	热贫甲醇 E5100 出口温度	TI5041	℃	43.0
38	H_2S 富甲醇 E510 出口温度	TI5042	℃	86.0
39	热贫甲醇 E510 入口温度	TI5043	℃	102.0
40	T504 塔进料段温度	TI5044	℃	98.0
41	T504 塔塔顶段温度	TI5045	℃	94.0
42	H_2S 气体 T504 塔顶出口温度	TI5046	℃	89.0

续表

序号	名称	仪表位号	单位	正常值
43	H_2S 气体 V506 罐顶出口温度	TIA5048	℃	46.0
44	H_2S 气体 E513 入口温度	TIA5050	℃	43.6
45	H_2S 气体 V505 罐顶出口温度	TIA5051	℃	−33.0
46	H_2S 气体 E514 管程出口温度	TI5052	℃	38.0
47	甲醇/水 E516 管程出口温度	TI5053	℃	55.0
48	贫甲醇 E516 壳程出口温度	TI5054	℃	79.0
49	T505 塔废水塔底出口温度	TIA5055	℃	143.0
49	T505 塔废水塔底出口温度	TI5056	℃	105.0
50	T505 塔第 15 块塔板温度	TIC5057	℃	142.4
50	T505 塔第 15 块塔板温度	TI5058	℃	142.6
50	T505 塔第 15 块塔板温度	TI5059	℃	143.0
51	T505 塔甲醇蒸气塔顶出口温度	TI5060	℃	101.2
52	贫甲醇 E503 出口温度	TI5066	℃	−37.3
53	尾气 E503 出口温度	TI5067	℃	−51.3
54	H_2S 富甲醇 E519 出口温度	TI5068	℃	−32.4
压力				
1	变换气 500 单元入口压力	PI5002	MPa(G)	3.30
2	尾气 E501 出口压力	PI5003	MPa(G)	0.03
3	CO_2 产品气 E501 出口压力	PIC5004	MPa(G)	0.17
4	T501 塔塔差	PDIA5006	MPa	0.11
5	T502 塔塔差	PDIA5013	MPa	0.05
6	T502 塔塔顶压力	PI5057	MPa(G)	0.17
7	T503 塔塔差	PDIA5016	MPa	0.04
8	T503 塔塔顶压力	PICA5017A/B	MPa(G)	0.08
9	T503 塔下塔顶部压力	PI5058	MPa(G)	0.11
10	过滤器 S502 前后压差	PDIA5026	MPa	0.05
11	P504 泵入口过滤器压差	PDIA5027	MPa	0.01
12	V504 罐罐顶压力	PICA5034	MPa(G)	0.07
13	T504 塔塔差	PDIA5035	MPa	0.05
14	T504 塔塔顶压力	PICA5036	MPa(G)	0.32
15	H_2S 产品气出界区压力	PICA5041	MPa(G)	0.32
16	过滤器 S501 前后压差	PDIA5046	MPa	0.15
17	T505 塔塔差	PDIA5047	MPa(G)	0.02
18	T505 塔塔顶压力	PI5056	MPa(G)	0.37
19	V510 罐罐顶压力	PICA5097	MPa(G)	0.50
20	T506 塔塔差	PDIA5072	MPa	0.01
21	T501 塔塔顶压力	PICA6013	MPa(G)	3.15

续表

序号	名称	仪表位号	单位	正常值
液位				
1	V501 罐液位	LICA5001	%	50
2	T501 塔底液位	LICA5004	%	50
3	T501 塔三层塔盘液位	LICA5006	%	50
4	氨冷器 E505 液位	LICA5010	%	50
5	氨冷器 E504 液位	LICA5013	%	50
6	氨冷器 E519 液位	LICA5056	%	50
7	V502 罐液位	LICA5016	%	30
8	V503 罐液位	LICA5018	%	30
9	V507 罐液位	LICA5021	%	50
10	T502 塔塔底液位	LICA5023	%	50
11	T502 塔二层塔盘液位	LICA5025	%	50
12	T502 塔一层塔盘液位	LICA5027	%	50
13	T503 塔塔底液位	LICA5031	%	50
14	T503 塔一层塔盘液位	LICA5034	%	50
15	V504 罐液位	LIA5038	%	50
16	T504 塔液位	LICA5040	%	50
17	V506 罐液位	LICA5044	%	50
18	氨冷器 E513 液位	LICA5046	%	50
19	V505 罐液位	LICA5048	%	10
20	V510 罐液位	LICA5082	%	50
21	T505 塔液位	LICA5050	%	50
22	T506 塔液位	LICA5060	%	50
分析				
1	T501 塔顶净化气中 CO_2 微量分析	AIA5011	mg/m^3	<20

任务实施

一、任务准备

（1）根据现场情况选择合适的安全防护用品。
（2）根据任务目标进行人员的分工安排。
（3）准备相应的工作报告记录卡。

二、实施要点

（1）组员分工明确。
（2）防护用品使用合理。
（3）根据表 5-2 学习工艺指标的控制。

任务评价

工作报告

班级：　　　　　姓名：　　　　　学号：　　　　　成绩：

工作任务	
任务目标	
任务准备	
任务实施	
注意事项	
学习反思	

任务五　正常停车操作

任务描述

通过对煤制甲醇仿真工厂中甲醇洗工段的开车操作，确定岗位，进行正常停车操作，确保各设备正常停车。

任务目标

知识：掌握低温甲醇洗的仿真停车操作过程；掌握甲醇洗工段主要岗位及职责。
技能：能够根据相应的危险因素选择合适的防护措施；学会化工仿真操作技术。
素养：具备标准意识、规范意识、实事求是、精益求精的工匠精神。

必备知识

停车操作规程如下。

1. 摘除联锁

（1）BY PASS LALL5034 联锁；
（2）BY PASS LALL5021 联锁；
（3）BY PASS LALL5031 联锁；
（4）BY PASS LALL5038 联锁；
（5）BY PASS LALL5040 联锁；
（6）BY PASS LALL5044 联锁；
（7）BY PASS LALL5060 联锁；
（8）BY PASS LALL5016 联锁；
（9）BY PASS LALL5038 联锁；
（10）BY PASS LALL5048 联锁。

2. T501 塔系统退气

（1）说明语句：系统负荷默认已减至 50%；
（2）打开 HV5003A；
（3）关闭工艺气至 600 单元阀门 VA5003；
（4）关闭工艺气至 600 单元阀门 VA5026；
（5）逐渐关小变换气进口阀门 HV5076，减少 T501 塔的进气量；
（6）关闭循环氢阀门 VA5008；
（7）打开 V502、V503 充氮阀 VA5023，保证 V502、V503 压力 PICA5007 为 0.89MPa；
（8）当工艺气全部退出后，关闭变换气进口阀 HV5076；
（9）当工艺气全部退出后，关闭合成气进口阀 VA5027；
（10）开 T501 塔充压氮阀 VA5001，由 PICA5013 控制压力为 2.5MPa；
（11）关闭去尿素 CO_2 管线阀 VA5009，由 PICA5004 控制压力；
（12）打开 T502 塔充氮阀 VA5011 向 T502 塔充氮，使 T502 塔压力 PICA5004 不小

于 0.17MPa；

  (13) 说明语句：确认 PICA5017 压力为 0.08MPa；

  (14) 打开氮气控制阀 PV5041，调节使 PICA5036 为 0.32MPa。

3. 甲醇循环再生回温

(1) 说明语句：保持甲醇循环至甲醇再生合格后（需要循环一定时间）；

(2) 关闭氨冷器 E505 的液氨进口调节阀 LV5010，E505 停用；

(3) 关闭氨冷器 E519 的液氨进口调节阀 LV5056，E519 停用；

(4) 关闭氨冷器 E504 的液氨进口调节阀 LV5013，E504 停用；

(5) 说明语句：当 TI5034 达 10℃ 以上时，回温结束。

4. 停 T505

(1) 关闭注射甲醇控制阀 HV5001；

(2) 当 FIA5002 为零时，关闭 V501 罐液位调节阀 LV5001；

(3) 关闭 V510 罐液位调节阀 LV5082；

(4) 关闭 S501 流量调节阀 FIC5023；

(5) 关闭 E515 蒸汽流量调节阀 FV5024；

(6) 关闭调节阀 FV5024 后阀 VD5022；

(7) 关闭调节阀 FV5024 前阀 VD5021；

(8) 关闭 HV5046；

(9) 停 P505 泵。

5. 停 T504 再生

(1) 关闭 E511 蒸汽流量调节阀 FV5015；

(2) 当 TI5046 温度降低时，开大调节阀 LV5044，尽量降低 V506 罐液位；

(3) 关闭调节阀 LV5044；

(4) 停 P506 泵；

(5) 关闭 V505 罐气体流量调节阀 FV5018；

(6) 关闭 V505 罐气体液位调节阀 LV5048；

(7) 关闭氨冷器 E513 的液氨进口调节阀 LV5046，E513 停用。

6. T506 停用

(1) 关闭脱盐水进口调节阀 FV5032；

(2) 当 T506 液位为 10％时，关闭调节阀 LV5060；

(3) 停 P507 泵；

(4) T505 排完液后，关闭调节阀 LV5050；

(5) 关闭脱盐水进口调节阀 FV5032。

7. 停甲醇循环

(1) 将 FICA5014 设定值设定为 100000kg/h；

(2) 打开调节阀 HV5054，尽可能降低各塔罐液位，通过 HV5054 将甲醇送至甲醇罐区；

(3) 关闭 P504A 泵的出口阀门 FV5014；

(4) 关闭 P504A 泵的后阀 VD5011；

(5) 停 P504 泵；

(6) 关闭 P504A 泵的前阀 VD5010；

(7) 关闭 V504 罐来自罐区阀门 HV5080；

(8) 关闭调节阀 HV5054；

(9) 甲醇循环停止后，立即关闭 T501 下塔液位调节阀 LV5004；

(10) 甲醇循环停止后，立即关闭 T501 上塔液位调节阀 LV5006；

(11) 甲醇循环停止后，立即关闭 T501 下塔回流流量调节阀 FV5005；

(12) 甲醇循环停止后，立即关闭 V502 罐的液位调节阀 LV5016；

(13) 甲醇循环停止后，立即关闭 V502 出口流量调节阀 FV5008；

(14) 甲醇循环停止后，立即关闭 V503 罐的液位调节阀 LV5018；

(15) 甲醇循环停止后，立即关闭 T502 塔釜液位调节阀 LV5023；

(16) 甲醇循环停止后，立即关闭 T502 下塔液位调节阀 LV5025A/B；

(17) 甲醇循环停止后，立即关闭 T502 上塔液位调节阀 LV5027；

(18) 甲醇循环停止后，立即关闭 T502 回流流量调节阀 FV5009；

(19) 甲醇循环停止后，立即关闭 T504 下塔液位调节阀 LV5040；

(20) 关闭 T503 上塔液位调节阀 LV5034；

(21) 停 P501 泵；

(22) 关闭 V507 罐液位调节阀 LV5021；

(23) 停 P502 泵；

(24) 关闭 T503 下塔液位调节阀 LV5031；

(25) 停 P503 泵。

8. 系统泄压

(1) 说明语句：关闭各系统充压氮阀，控制泄压速率不超过 100kPa/min；

(2) 关闭 T501 塔充压氮阀 VA5001；

(3) 关闭 T502 塔充压氮阀 VA5011；

(4) 关闭 V504 罐冲压氮气阀 PV50342；

(5) 关闭 V502 等净化中压系统氮气充压阀 VA5023；

(6) 打开阀 PV5013，对 T501 系统泄压，直至压力 PI5048 为 20kPa 以下；

(7) 泄压完毕，关闭 PV5013；

(8) 打开 T502 压力调节阀 PV5004，对 T502 系统泄压，直至压力 PIC5004 为 20kPa 以下；

(9) 泄压完毕，关闭 T502 压力调节阀 PV5004；

(10) 打开 T503 压力调节阀 PV5017A/B，对 T503 系统泄压，直至压力 PICA5017A/B 为 20kPa 以下；

(11) 泄压完毕，关闭 T503 压力调节阀 PV5017A/B；

(12) 关闭氮气控制阀 PV5041；

(13) 打开 T504 压力调节阀 PV5036(1/2)，对 T504 系统泄压，直至压力 PV5036 为 20kPa 以下；

(14) 泄压完毕，关闭 T504 压力调节阀 PV5036(1/2)；

(15) 打开 V502 等净化中压系统压力调节阀 PV5007(1)，对 V502 系统泄压，直至压力 PICA5007 为 20kPa 以下；

(16) 泄压完毕，关闭 V502 等净化中压系统压力调节阀 PV5007(1)；

(17) 关闭 HV5064；

(18) 打开 PV5034(1)，对 V504 泄压，直至压力 PICA5034 为 20kPa 以下；
(19) 关闭 T504 压力调节阀 PV5034(1/2)。

9. 系统排甲醇

(1) 打开 V501 的排污阀 VD5024，排尽甲醇；
(2) 打开 T501 的排污阀 VD5025，排尽甲醇；
(3) 打开 V502 的排污阀 VD5029，排尽甲醇；
(4) 打开 V503 的排污阀 VD5030，排尽甲醇；
(5) 打开 V507 的排污阀 VD5003，排尽甲醇；
(6) 打开 T502 的排污阀 VD5031，排尽甲醇；
(7) 打开 T503 的排污阀 VD5032，排尽甲醇；
(8) 打开 V504 的排污阀 VD5039，排尽甲醇；
(9) 打开 T504 的排污阀 VD5033，排尽甲醇；
(10) 打开 V506 的排污阀 VD5034，排尽甲醇；
(11) 打开 V505 的排污阀 VD5035，排尽甲醇；
(12) 打开 T501 液位回流阀 FV5005，排尽甲醇；
(13) 打开 T502 液位回流阀 FV5009，将塔顶液位排至中部；
(14) V501 排尽甲醇后，关闭排污阀 VD5024；
(15) T501 排尽甲醇后，关闭排污阀 VD5025；
(16) T501 排尽甲醇后，关闭回流阀 FV5005；
(17) V502 排尽甲醇后，关闭排污阀 VD5029；
(18) V503 排尽甲醇后，关闭排污阀 VD5030；
(19) V507 排尽甲醇后，关闭排污阀 VD5003；
(20) T502 排尽甲醇后，关闭排污阀 VD5031；
(21) T502 排尽甲醇后，关闭回流阀 FV5009；
(22) T503 排尽甲醇后，关闭排污阀 VD5032；
(23) V504 排尽甲醇后，关闭排污阀 VD5039；
(24) T504 排尽甲醇后，关闭排污阀 VD5033。

任务实施

一、任务准备

(1) 根据现场情况选择合适的安全防护用品。
(2) 根据任务目标进行人员的岗位安排。
(3) 准备相应的工作报告或记录卡。

二、实施要点

(1) 岗位分工明确，确定岗位职责。
(2) 防护用品使用合理。
(3) 联合进行停车操作。

低温甲醇洗正常停车操作主要岗位及职责

序号	岗位	职责

任务评价

工作报告

班级：　　　　　姓名：　　　　　学号：　　　　　成绩：

工作任务	
任务目标	
任务准备	
任务实施	
注意事项	
学习反思	

任务六　事故判断及处理

任务描述

通过对煤制甲醇仿真工厂中低温甲醇洗工段的开车、停车操作,分析总结出现的故障,找出故障的相应解决措施,确保各设备能正常运行。

任务目标

知识:认识低温甲醇洗过程中出现的事故及现象。

技能:能够根据相应的危险因素选择合适的防护措施;能够分析出现故障的原因及处理措施。

素养:具备标准意识、规范意识、实事求是、精益求精的工匠精神。

必备知识

主要事故举例见表 5-3。

表 5-3　主要事故举例

序号	事故名称	现象	处理方法
1	原料气中断	原料气断	停车处理
2	P504A 泵故障	FICA5014 流量下降	启动 P504B 泵
3	E512 水冷器冷却水故障	T5049 温度升高,V506 罐液位下降	上水阀开度增大,开大上水阀
4	气提氮故障	系统冷量失衡	按短期停车处理
5	FV5024 阀卡	T504 塔温度波动大	调节阀打手动,切换旁路,关闭前后截止阀

任务实施

一、任务准备

(1) 根据现场情况选择合适的安全防护用品。
(2) 根据任务目标进行人员的岗位安排。
(3) 准备相应的工作报告或记录卡。

二、实施要点

(1) 合理使用防护用品。
(2) 排查其他故障并填写表格。

低温甲醇洗工段主要事故及处理

序号	故障名称	现象	处理方式

> 任务评价

工作报告

班级：　　　　　姓名：　　　　　学号：　　　　　成绩：

工作任务	
任务目标	
任务准备	
任务实施	
注意事项	
学习反思	

项目六　　甲醇合成

工段任务

将低温甲醇洗送来的净化气在一定压力、温度及催化剂作用下生成甲醇，送至甲醇精制工段。同时将甲醇生产中的反应热用于副产饱和蒸汽输送至管网。

工段目标

基本目标：能够根据甲醇合成的操作规程进行正确的生产，通过合成塔工段整体开停车操作培养团队协作意识，通过严格按照指标进行操作，够培养标准意识、规范意识。

拓展目标：能够对主要设备、仪表进行维护和保养，熟悉常见故障及排除方法。

任务一 梳理工艺流程

任务描述

通过对煤制甲醇仿真工厂中合成工段的分析,掌握甲醇合成的原理,梳理甲醇合成的工艺流程。

任务目标

知识:掌握甲醇合成的反应原理;掌握甲醇合成的工艺流程。
技能:能够进行准确的识图制图;能够准确描述甲醇合成过程。
素养:具备标准意识、规范意识、实事求是、精益求精的工匠精神。

必备知识

一、工艺原理

1. 主要化学反应

主要是合成气中的 CO 与 H_2 在催化剂的作用下发生如下反应:

$$CO + 2H_2 \longrightarrow CH_3OH \qquad \Delta H = -100.4 \text{kJ/mol}$$

当有二氧化碳存在时,二氧化碳按如下反应生成甲醇:

$$CO_2 + H_2 \longrightarrow CO + H_2O \qquad \Delta H = 41.8 \text{kJ/mol}$$
$$CO + 2H_2 \longrightarrow CH_3OH \qquad \Delta H = -100.4 \text{kJ/mol}$$

两步反应的总反应式为:

$$CO_2 + 3H_2 \longrightarrow CH_3OH + H_2O \qquad \Delta H = -58.6 \text{kJ/mol}$$

2. 典型的副反应

$$CO + 3H_2 \longrightarrow CH_4 + H_2O \qquad \Delta H = -115.6 \text{kJ/mol}$$
$$2CO + 4H_2 \longrightarrow CH_3OCH_3 + H_2O \qquad \Delta H = -200.2 \text{kJ/mol}$$
$$4CO + 8H_2 \longrightarrow C_4H_9OH + 3H_2O \qquad \Delta H = -49.62 \text{kJ/mol}$$

3. 甲醇合成反应机理

甲醇合成是一个多相催化反应过程,这个复杂过程共分五个步骤进行。
第一步扩散,合成气自气相扩散到催化剂界面;
第二步吸附,合成气在催化剂活性表面上被化学吸附;
第三步反应,被吸附的合成气在催化剂活性表面进行化学反应形成产物;
第四步脱附,反应产物在催化剂表面脱附;
第五步脱离,反应物自催化剂界面扩散到气相中,脱离催化剂。
其中第三步是核心步骤,反应进行得较慢,全过程反应速率取决于较慢步骤的完成速率。因此,整个反应速率取决于第三步的反应速率。

甲醇合成
反应步骤

二、工艺流程

甲醇合成工段流程图如图 6-1 所示。

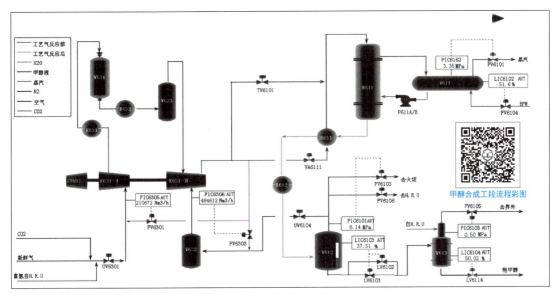

图 6-1　甲醇合成工段流程图

来自前端净化工序的新鲜补充气和氢回收装置回收甲醇回路弛放气所得到的氢气及前端工序来的 CO_2 经过混合后进入甲醇合成气压缩机 K631-Ⅰ。

来自合成气压缩机 K631-Ⅰ的气体经保护床预热器 E631 加热后进入保护床 V634。气体通过第一床除去无机硫。氧气在第二床的除氧催化剂上和氢气及一氧化碳反应，主要产物是水蒸气。气体中的 COS 和水蒸气在第三床的水解催化剂上生成 H_2S。然后气体进入最后一床的脱硫催化剂，硫化物在此被脱除。出保护床 V634 的游离氧含量小于 300×10^{-6}，总硫含量小于 20×10^{-9}。

出保护床 V634 的气体进入压缩机段间水冷器 E632 中冷却并在压缩机段间分离器 V633 中分离出可能的冷凝液。分离了冷凝液的气体进入合成气压缩机 K631-Ⅱ。

出合成气压缩机 K631-Ⅱ的气体和来自循环机入口分离器 V632 的循环气混合后（缸内混合）进入合成气压缩机 K631-Ⅱ的循段。

来自甲醇合成气循环机的 8.84MPa 的气体在 72.6℃下送入进出口换热器 E611 壳侧。在此换热器中经过与甲醇合成塔 R611 中的出口气换热，壳侧的工艺气被加热到 235℃。甲醇合成塔 R611 入口工艺气的温度由换热器 E611 的旁路气来控制。压缩系统流程图如图 6-2 所示。

工艺气经 E611 壳侧进入甲醇合成塔 R611 后，在甲醇催化剂上发生反应（图 6-3），甲醇含量增加到 10.862%。

通过汽包 V611 的压力来控制甲醇合成塔 R611 内催化剂床层的温度。汽包 V611 带有排污系统，经 E616 冷却后排出界区。

进出口换热器 E611 冷侧的旁路也用于开车和停车时合成塔的温度控制。

出甲醇合成塔 R611 的反应气体进入进出口换热器 E611 的管侧，通过预热上面提到的合成塔进口气，出口反应气冷却到 121℃。甲醇开始冷凝。

气体离开 E611 后进入水冷器 E612，在此气体被进一步冷却到 40℃。大部分甲醇在此冷凝。液体甲醇在甲醇高压分离器 V612 中分离出来（图 6-4）。从甲醇高压分离器

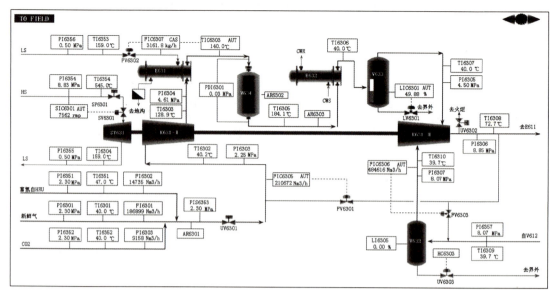

图 6-2 压缩系统流程图

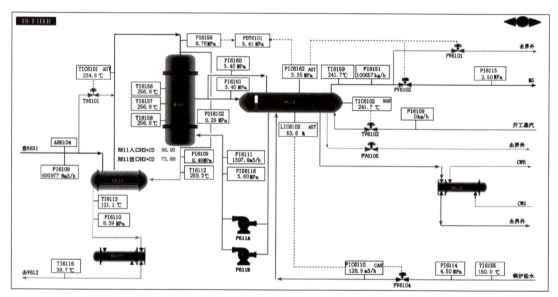

图 6-3 合成塔-汽包流程图

V612 出来的大部分循环气被送至压缩机 K631-Ⅱ入口分离器 V632 后，随后进入 K631-Ⅱ循环缸。

从甲醇高压分离器 V612 出来的另一部分循环气作为弛放气被送至氢回收装置（HRU）。

甲醇高压分离器 V612 出来的液体甲醇经过粗甲醇过滤器 F616A/B 后在甲醇闪蒸槽 V613 中减压至 0.5MPa，44℃、0.5MPa 的粗甲醇被送至界区。来自甲醇闪蒸槽 V613 的闪蒸气用氢回收水洗塔来的甲醇溶液洗涤后送出界区用作燃料气。

弛放气中的甲醇经过氢回收装置回收后作为甲醇溶液送去甲醇闪蒸槽 V613 的顶部。

界区外来的锅炉给水和汽包 V611 的循环水混合后进入锅炉给水泵 P611A/B，在甲醇合

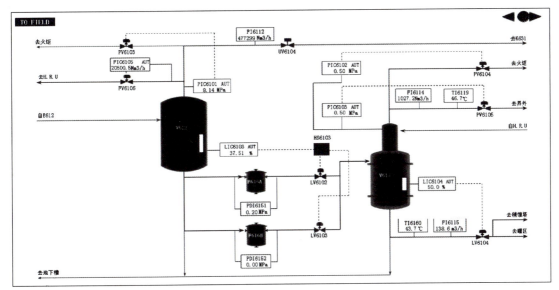

图 6-4　高压分离罐流程图

成塔 R611 冷侧锅炉给水部分汽化，实时地将换热板工艺侧产生的热量移走。

两相的汽水混合物从合成塔 R611 冷侧的顶部流出，在汽包 V611 中得到分离。饱和蒸汽被送出界外。

任务实施

一、任务准备

（1）根据现场情况选择合适的安全防护用品。
（2）根据任务目标进行人员的分工安排。
（3）准备相应的工作报告记录卡。

二、实施要点

（1）组员分工明确。
（2）防护用品使用合理。
（3）分析甲醇合成的作用原理。
（4）梳理工艺，绘制工艺框线流程。

绘制甲醇合成的工艺框线流程

任务评价

工作报告

班级：　　　　　姓名：　　　　　学号：　　　　　成绩：

工作任务	
任务目标	
任务准备	
任务实施	
注意事项	
学习反思	

任务二 认识设备和工艺参数

任务描述

通过对煤制甲醇仿真工厂甲醇合成的分析,掌握主要设备及作用原理,熟悉工艺参数,能够对工艺指标进行调整。

任务目标

知识:掌握甲醇合成的主要设备;熟悉制备原料气的工艺参数。
技能:能在厂区找出相应的设备;能够进行准确的指标控制。
素养:具备标准意识、规范意识、实事求是、精益求精的工匠精神。

必备知识

一、主要设备

甲醇合成的主要设备有甲醇合成塔、水冷凝器、甲醇分离器、滤油器、循环压缩机、粗甲醇贮槽等,工段包含的设备及主要作用见表6-1。

甲醇合成塔   甲醇分离器

表 6-1 甲醇合成工段主要设备

序号	设备位号	设备名称	主要作用
1	K631	合成气压缩机	给合成气加压,为保护床层反应和合成反应提供合适的压力
2	V632	循环缸入口分离器	压缩机入口气体缓冲和进行气液分离,保护压缩机
3	E631	保护床预热器	给保护床层反应提供热量
4	V634	保护床	脱除原料气中的氧气、COS、H_2S,避免合成反应催化剂中毒
5	E632	压缩机间水冷器	降低进入压缩机气体温度,防止温度过高
6	V633	压缩机间分离器	缓冲压缩机入口气体和进行气液分离,保护压缩机
7	E611	进出口换热器	给进料提供热量,同时给反应产物降温
8	E612	水冷器	对合成反应出来的合成气进一步冷却,使大部分甲醇被冷凝
9	E616	污水冷却器	冷却汽包中排放的污水
10	R611	甲醇合成塔	在一定压力、温度下,发生合成甲醇的反应
11	V611	汽包	给合成反应塔储存冷却水源,同时对生产蒸汽进行气液分离
12	V612	高压分离器	在较高压力下分离合成气中未反应完全的气体
13	V613	甲醇闪蒸槽	在较低压力下闪蒸出溶解在甲醇液的氢气等未反应气体
14	F616A/B	甲醇过滤器	过滤甲醇液中携带的固体杂质
15	P611	锅炉给水泵	给甲醇合成塔提供冷却水源

续表

序号	设备位号	设备名称	主要作用
16	P612	注药泵	给汽包中水注入磷酸盐药剂,避免汽包、合成塔塔内蒸汽盘管结垢

甲醇合成工艺的影响因素

二、工艺参数

本装置中气化工段的工艺参数如表 6-2 所示。

表 6-2　合成工段工艺参数

设备名称	项目及位号	正常指标	单位
压缩机系统	压缩机的转速	7562	r/min
合成塔	保护床 V634 的入口温度	140	℃
	催化剂床层的入口温度	235	℃
汽包	汽包 V611 的压力	3.35	MPa
	汽包 V611 的温度	241.7	℃
	汽包 V611 的液位	50	%
高压分离罐	循环气的压力	8.07	MPa
	高压分离罐 V612 的液位	37.5	%
低压分离罐	低压分离罐 V613 的液位	50	%
	低压分离罐 V613 的压力	0.5	MPa

任务实施

一、任务准备

（1）根据现场情况选择合适的安全防护用品。

（2）根据任务目标进行人员的分工安排。

（3）准备相应的工作报告记录卡。

二、实施要点

（1）组员分工明确。

（2）防护用品使用合理。

（3）分析甲醇合成的主要设备及作用。

（4）在厂区找出相应设备进行学习并标注位置。

甲醇合成工段主要设备位置标注

序号	设备名称	位置	序号	设备名称	位置

> 任务评价

工作报告

班级：　　　　姓名：　　　　学号：　　　　成绩：

工作任务	
任务目标	
任务准备	
任务实施	
注意事项	
学习反思	

任务三　进行甲醇合成生产

任务描述

通过对煤制甲醇仿真工厂中合成工段的原理、工艺等的学习,确定岗位,进行开停车操作,生产合格粗甲醇。

任务目标

知识:掌握甲醇合成的仿真开车过程和正常停车操作过程;掌握合成工段主要岗位及职责。

技能:能够根据相应的危险因素选择合适的防护措施;对出现的事故能够进行准确的分析和处理。

素养:具备标准意识、规范意识、实事求是、精益求精的工匠精神。

必备知识

甲醇生产的
安全防护

一、开车操作规程

1. N_2 置换压缩机系统

向压缩机系统充入氮气,置换成氮气系统:

(1)确认合成气压缩机系统涉及的管道上的阀门都处于开启状态,保证 N_2 运行畅通(打开保护床 V634 进口阀门 VA6307);

(2)打开保护床 V634 出口阀门 VD6302;

(3)确认防喘振阀 FV6301 全开;

(4)确认防喘振阀 FV6303 全开;

(5)打开合成气压缩机系统手动放空阀门 VA6310(出口安全阀 PSV6301 旁路);

(6)打开压缩机装置入口 N_2 进气阀门 VA6306,置换压缩机系统;

(7)打开压缩机循环缸入口分离器 V632 入口 N_2 进气阀 VA6325,置换压缩机系统;

(8)压缩机系统置换完毕,关闭氮气及相关阀门;

(9)置换完毕,关闭装置入口 N_2 进气阀门 VA6306;

(10)置换完毕,关闭分离罐 V632 入口 N_2 进气阀门 VA6325;

(11)关闭合成气压缩机系统手动放空阀门 VA6310(出口安全阀 PSV6301 旁路);

(12)关闭保护床 V634 进口阀 VA6307;

(13)关闭保护床 V634 出口阀 VD6302。

2. N_2 置换合成塔循环回路

向合成塔循环回路充入氮气:

(1)确认甲醇分离器 V612 循环气出口阀 UV6104 关闭,防止氮气走近路放空;

(2)打开循环回路系统放空阀门,即甲醇分离器 V612 出口循环气压力调节阀 PV6103;

(3)打开进出口换热器 E611 合成气入口阀 VA6111;

(4)打开进出口换热器 E611 合成气旁通阀 TV611;

(5) 打开循环缸入口分离器 V632 进口 N_2 进气阀 VA6325，N_2 自 VA6325 置换合成塔循环回路；

(6) 在高压分离罐 V612 顶部取样点 S6104 取样，分析氧含量，待氧含量（摩尔分数）低于 0.1%，置换合格；

(7) 打开循环缸高压分离器 V612 出口 N_2 进气阀 VA6120，N_2 来自 VA6120 置换循环回路管线；

(8) 打开甲醇分离器 V612 循环气出口阀 UV6104 置换循环路管线；

(9) 合成塔循环回路置换完成，关闭氮气阀及相关阀门；

(10) 置换完毕：关闭循环缸入口分离器 V632 入口 N_2 进气阀 VA6325；

(11) 关闭 UV6104；

(12) 关闭 VA6111；

(13) 关闭 TV6101。

3. 建立汽包液位

向汽包内注水，建立汽包液位：

(1) 全开汽包 V611 放空阀 VA6114；

(2) 缓慢打开汽包 V611 进口锅炉给水调节阀 FV6104，往 V611 中注入锅炉给水；

(3) 当汽包液位 LIC6102 上升至低液位（43.2%）和正常液位（52%）之内时，关闭 FV6104；

(4) 将汽包 V611 液位控制器 LIC6102 设置为自动；

(5) 将 LIC6102 液位设置为 52%；

(6) 将汽包 V611 进口锅炉给水流量控制器 FIC6110 设置为串级，以此保持液位恒定。

4. 投用合成塔 DCS 上开车复位按钮

合成塔 DCS 进行开车复位，以便进行后续操作：

(1) 切换至联锁界面，按下 DCS 上开车操作复位按钮（E101），进行开车操作；

(2) 新鲜气阀 UV6301、换热器 E611 合成气进口阀 UV6103、分离器 V612 循环气出口阀 UV6104 允许打开；

(3) 压缩机高压缸 K631-Ⅱ 放空阀 UV6302 允许关闭；

(4) 分离器 V612 液位调节阀 LV6102/LV6103 允许打开。

5. N_2 置换分离系统

向甲醇分离系统充入氮气：

(1) 打开甲醇分离罐出口过滤器 F616A 前截止阀 VD6109；

(2) 打开甲醇分离罐出口过滤器 F616B 前截止阀 VD6110；

(3) 通过甲醇分离器 V612 液位控制器 LIC6103 打开 LV6102；

(4) 打开闪蒸罐 V613 塔顶压力调节阀 PV6104；

(5) 打开 N_2 进气阀 VA6120（即 V612 顶部的氮气阀），N_2 自进气阀 VA6120 置换 V612 和 V613；

(6) 在闪蒸罐 V613 顶部（取样点 S6106）取样，分析氧含量，待氧含量（摩尔分数）低于 0.1%，置换合格；

(7) 通过甲醇分离罐 V612 液位控制手动选择器 HS6103，打开 LV6103，置换该管线；

(8) 甲醇分离系统置换完毕，关闭氮气及相关阀门；

(9) 置换完毕，关闭 V613 顶部 PV6104；

(10) 关闭 N_2 进气阀 VA6120（V612 顶部的氮气阀）；

(11) 关闭过滤器前截止阀 VD6109；

(12) 关闭过滤器前截止阀 VD6110；

(13) 关闭分离器液位调节阀 LV6102/LV6103。

6. 合成塔回路充压

向合成塔回路充入氮气，提高压力：

(1) 关闭压缩机高压缸 K631-Ⅱ 出口合成气放空电磁阀 UV6302；

(2) 打开进出口换热器 E611 合成气进口阀 VA6111；

(3) 开保护床 V634 进口阀门 VA6307；

(4) 打开保护床 V634 出口阀门 VD6302；

(5) 开启压缩机入口 N_2 进气阀 VA6306；

(6) 提高回路系统压力（合成塔入口工艺气压力 PI6108）至 0.5MPa 正压；

(7) 当回路系统压力达到 0.5MPa 正压，关闭 N_2 进气阀 VA6306；

(8) 关闭 VA6111。

7. 建立主流程 N_2 循环

打通主流程氮气循环，启动压缩机提高系统压力：

(1) 确认保护床 V634 前阀 VA6307 处于开启状态；

(2) 确认保护床 V634 后阀 VD6302 处于开启状态；

(3) 半开压缩机系统 N_2 进气阀门 VA6306；

(4) 确定防喘线 FV6301 已打开，防止压缩机喘振；

(5) 确定防喘线 FV6303 已打开，防止压缩机喘振；

(6) 投用压缩机段间水冷器 E632：开 E632 冷却水进水阀 VA6309；

(7) 打开透平的蒸汽供阀 VD6301；

(8) 打开透平电磁阀 SP6301；

(9) 打开压缩机转速调节器 SIC6301，启动蒸汽透平；

(10) 待压缩机的出口压力 PI6306 大于进口压力 PI6307 后，全开 VA6111；

(11) 全开 UV6104；

(12) 打开甲醇分离器 V612 出口循环气调节阀 PV6103，开始 N_2 循环；

(13) 提升压缩机转速到 6400r/min，根据流量和压力的要求，缓慢稍关防喘阀 FV6301；

(14) 维持压缩机出口流量 FI6108 为 75000m^3/h，用 FV6303 调稳循环流量；

(15) 保持合成塔入口压力 PI108 为 0.8MPa，调整 FV6301 和 PV6103 保持压力稳定。

8. 建立汽包-合成塔热水循环

打通合成塔热水循环回路：

(1) 投用水冷器 E612：半开换热器 E612 的冷却水进口阀门 VA6119；

(2) 打开锅炉给水循环泵 P611A 前阀 VD6105；

(3) 启动循环泵 P611A；

(4) 半开后阀 VA6117；

(5) 汽包 V611 液位高度 LI6102 未达低液位 43.2%，启动离心泵 P611A，导致循环水泵出口压力、电机电流摆动；

（6）或者：打开锅炉给水循环泵 P611B 前阀 VD6106；

（7）或者：启动循环泵 P611B；

（8）或者：半开后阀 VA6118；

（9）汽包 V611 液位高度 LI6102 未达低液位 43.2%，启动离心泵 P611B，导致循环水泵出口压力、电机电流摆动；

（10）向汽包内加入磷酸盐药液；

（11）切换至汽包-合成塔现场图，打开加药泵 P612A 前阀 VD6103；

（12）启动加药泵 P612A，加磷酸盐配制锅炉水（之前要配好磷酸盐药液）；

（13）全开加药泵 P612A 后阀 VA6112；

（14）或者：启动加药泵 P612B 及前后阀；

（15）控制汽包压力；

（16）关闭汽包 V611 放空阀 VA6114；

（17）设定汽包 V611 压力控制器 PIC6162 的输出值为 100，从而全开阀门 PV6101。

9. 合成塔升温和催化剂还原

（1）提高汽包温度及压力；

（2）微打开 TV6102，向汽包内通入开工蒸汽；

（3）打开汽包 V611 排污调节阀 FV6105，及时将产生的蒸汽冷凝液排掉；

（4）切换至合成塔-汽包现场图，打开 E616 循环水上水阀 VA6116；

（5）全开 E616 锅炉水出水调节阀 VA6115；

（6）V611 的液位 LIC6102 稳定在 52%；

（7）当 V611 温度 TIC6102 达到 100℃，关闭 PV6101；

（8）将汽包压力控制器 PIC6162 设置为自动，根据汽包和催化剂床层升温速度要求，缓慢提高压力设定值；

（9）汽包及合成塔升温，催化剂还原；

（10）通过加入开工蒸汽和调节汽包压力 PIC6162，使汽包和催化剂床层温度逐渐提高至 150℃（最大允许升温速率 50℃/h，仿真 5℃/min）；

（11）扣分：催化剂床层温度在 100~110 段升温过快；

（12）扣分：催化剂床层温度在 110~120 段升温过快；

（13）扣分：催化剂床层温度在 120~130 段升温过快；

（14）扣分：催化剂床层温度在 130~140 段升温过快；

（15）扣分：催化剂床层温度在 140~150 段升温过快；

（16）通过冷却水流量，控制循环机入口温度 TI6116 在 40℃；

（17）床层温度 TI6156~TI6158 稳定在 150℃后，切换至压缩机现场图，缓慢打开 VA6305，打通新鲜气到二级入口分离罐 V632；

（18）控制还原性气体流量，使 R611 入口 H_2 和 CO 的浓度（AR6104）为 0.5%；

（19）TI6156~TI6158 有轻微温升，V612 底部有水生成（现场液位计 LG6103 显示），AR6104 中 CO_2 浓度增加；

（20）提高汽包 V611 压力 PIC6162 的设定值，使汽包内压力升高，从而使催化剂床温度升至 170℃，继续保持入口 H_2 和 CO 的浓度为 0.5%；

（21）扣分：催化剂床层温度在 150～160 段升温过快；

（22）扣分：催化剂床层温度在 160～170 段升温过快；

（23）提高汽包 V611 压力 PIC6162 设定值，使催化剂床层温度升至 175℃；

（24）扣分：催化剂床层温度在 170～175 段升温过快；

（25）切换至压缩机现场图，缓慢开大 VA6305，提高新鲜气量，将合成塔入口 H_2 和 CO 的浓度提至 1%；

（26）经过一段时间如合成塔 R611 出口氢气最大浓度达到 0.1%，则通过提高汽包压力使催化剂床层温度提至 190～195℃；

（27）扣分：催化剂床层温度在 175～185 段升温过快；

（28）扣分：催化剂床层温度在 185～195 段升温过快；

（29）合成塔出口氢气迅速增加，由于循环原因，进口氢气也迅速增加；

（30）提高汽包 V611 压力设定值，使催化剂床层温度升高至 210℃；

（31）扣分：催化剂床层温度在 195～210 段升温过快；

（32）同时，切换至压缩机现场图，缓慢关闭 VA6305，减少氢气加入量，直至完全停止；

（33）当合成塔 R611 进出口氢气浓度相等时，重新加入氢气并将 H_2 和 CO 的浓度提高到 10%～20%，保持催化剂床层温度为 210℃，循环 4～6h（模拟为 2min）；

（34）还原性气体继续循环 2min 后，缓慢减少氢气的加入量，直至完全停止；

（35）高压分离罐 V612 现场图中，打开 V612 导淋阀，彻底排尽 V612 中的水（排至现场液位计 LG6103 显示为 0mm）；

（36）排水结束，关闭导淋阀，维持催化剂床层温度 210℃ 不变，还原完毕，合成塔可以进行开车。

10. 投用工艺气和合成塔开车

（1）关闭氮气，投用工艺气；

（2）确认：甲醇分离罐 V612 的液位控制阀 LV6102/LV6103 关闭；

（3）确认：V612 的液位控制器 LIC6103 处于手动模式；

（4）关闭压缩机入口 N_2 进气阀 VA6306；

（5）半开压缩机入口 CO_2 进气阀 VA6303；

（6）半开压缩机入口 H_2 进气阀；

（7）缓慢打开 V631 新鲜气进口阀 UV6301，通入工艺气；

（8）根据压缩机的运行情况，缓慢关防喘振阀 FV6303；

（9）投用保护床预热器 E631：微开 FV6302，注意调整换热器 E631 的低压蒸气流量，使 TIC6303 温度不超 140℃；

（10）扣分：冷态开车时，E631 的冷物流出口温度 TIC6303 超过 140℃；

（11）调整汽包 V611 压力控制器 PIC6162 设定值至 3.35MPa，即将汽包内温度升至 242℃；

（12）提高汽包压力及温度，提高合成塔催化剂床层温度；

（13）汽包 V611 中热水温度稳定在操作温度 242℃；

（14）扣分：催化剂床层温度在 210～220 段升温过快；

（15）扣分：催化剂床层温度在 220～230 段升温过快；

（16）扣分：催化剂床层温度在230～242段升温过快；

（17）继续开启汽包V611温度调节阀TV6102，使催化剂升温，当汽包温度升至末期工况操作温度242℃时，关小开工蒸汽直到TV6102完全关闭；

（18）切换新鲜气阀门，提升系统负荷，调整各罐压力、液位至正常状态；

（19）逐渐提高压缩机转速至正常转速；

（20）新鲜气流量稳定在186933m^3/h；

（21）压缩机转速稳定在正常转速；

（22）将甲醇分离罐V612出口循环气压力控制器PIC6101设置为自动；

（23）通过PIC6101控制合成塔R611入口压力PI6108逐步增加至8.75MPa（仿真时间加快）；

（24）合成塔R611入口压力稳定在8.75MPa；

（25）合成塔R611入口温度稳定在235℃；

（26）打开甲醇分离器V612液位调节阀LV6102的前阀VD6109；

（27）确认手动选择开关HS6103投用阀门LV6102；

（28）将甲醇分离罐V612的液位控制器LIC6103设置为自动控制；

（29）将LIC6103的被控液位设置为37.5%；

（30）甲醇分离罐V612液位稳定在37.5%；

（31）打开V613罐底出口去罐区的阀门VD6112；

（32）将V613的液位控制器LIC6104设置为自动控制；

（33）将LIC6114的被控液位设置为50%；

（34）V613的液位稳定在50%；

（35）将V613的压力控制器PIC6103设置为自动控制；

（36）将PI6103的被控压力设置为0.5MPa；

（37）闪蒸罐V613的内压稳定在0.5MPa。

11. 调节至正常

（1）系统稳定后将各调节阀投入自动，保证系统稳定运行；

（2）工况稳定后，将保护床V634温度控制器TIC6303设置为自动控制；

（3）将TIC6303设置为140℃；

（4）将FIC6307设置为串级控制；

（5）保护床入口温度稳定在140℃；

（6）工况稳定后，将汽包排污阀FV6105的开度调为50%；

（7）工况稳定后，将压缩机段间分离器V633液位控制器LIC6301设置为自动控制；

（8）将LI6305设置为1.35m；

（9）V633的液位稳定在1.35m；

（10）将甲醇闪蒸罐V613罐底出口物流切至精馏，打开阀门VD6111；

（11）关闭V613罐底出口去罐区的阀门VD6112。

12. 合成塔系统投用联锁

（1）将合成系统联锁投入运行；

（2）系统正常后，确认压缩机系统防喘阀门FV6301已全关；

（3）系统正常后，确认压缩机系统防喘阀门FV6303已全关；

（4）各系统正常后，切换至联锁界面，将循环泵出口流量超低联锁投用；

（5）各系统正常后，切换至联锁界面，E101内合成塔内温度高联锁投用；

（6）各系统正常后，切换至联锁界面，将锅炉给水循环泵自启动联锁投用。

13. 组分分析

（1）AR6301（新鲜气成分分析）：H_2；

（2）AR6301（新鲜气成分分析）：CO；

（3）AR6301（新鲜气成分分析）：CO_2；

（4）AR6302（D6302氧分析）：O_2；

（5）AR6303（总硫分析）：H_2S+COS；

（6）AR6104（合成气组成分析）：H_2；

（7）AR6104（合成气组成分析）：CO；

（8）AR6104（合成气组成分析）：CO_2；

（9）S6105（闪蒸罐出口成分分析）：CH_3OH。

14. 扣分步骤

（1）高压分离罐V612高液位；

（2）高压分离罐V612高高液位；

（3）闪蒸罐V613高液位；

（4）闪蒸罐V613高高液位；

（5）汽包V611低液位；

（6）汽包V611低低液位；

（7）汽包V611高液位；

（8）汽包V611高高液位；

（9）锅炉给水流量低；

（10）合成气进口与V611蒸汽之间压差高；

（11）合成气进口与V611蒸汽之间压差高高；

（12）R611合成塔内温度高；

（13）R611合成塔内温度高高；

（14）随意摘除循环泵出口流量超低联锁；

（15）随意摘除合成塔内温度高联锁；

（16）随意摘除锅炉给水循环泵自启动联锁。

二、停车操作规程

1. 合成回路停车操作

（1）确认甲醇分离罐V612压力控制PIC6101处于自动控制状态；

（2）确认PIC6101设定值为8.14MPa；

（3）关闭分离罐V612气体去H.R.U的阀门FV6106；

（4）关闭分离罐V613来自H.R.U的阀门VD6113；

（5）关闭新鲜气进口阀UV6301，切断新鲜气；

（6）关闭保护床V634预热器E631蒸汽阀门FV6302；

（7）全开压缩机防喘振阀门FV6301；

（8）全开压缩机防喘振阀门 FV6303；

（9）循环反应直到所有的碳氧化合物反应完全，合成回路中只有氢气和惰性气体；

（10）注意：通过调节汽包给水阀门 FV6104 开度，控制汽包 V611 的液位 LIC6102 稳定在 35%～70% 之间，防止汽包干锅；

（11）如果液位太高控制不住，打开汽包 V611 排液阀 FV6105；

（12）甲醇分离罐 V612 内物料排完后，关闭 LV6102；

（13）甲醇闪蒸罐 V613 内物料排完后，关闭 LV6104；

（14）切换至压缩机界面，通过调节控制器 SIC6301 逐渐关闭透平 ST631 转速调节阀 SV6301；

（15）关闭透平 ST631 蒸汽切断阀 SP6301；

（16）关闭透平 ST631 蒸汽手阀 VD6301；

（17）锅炉给水循环泵 P611B 投入手动控制；

（18）停止锅炉给水泵 P611A。

2. 系统泄压

合成循环回路泄压：

（1）通过甲醇分离罐 V612 压力控制器 PIC6101 以 3.5～4.0MPa/h 的速率（仿真时加快）降低合成回路压力，并达到 0.7MPa 以下；

（2）通过调节汽包压力控制器 PIC6162 设定值，缓慢降低汽包压力直至常压。

3. N_2 置换

合成回路氮气置换：

（1）待合成回路压力降至 0.7MPa 以下后，打开合成回路 N_2 进气阀 VA6122；

（2）打开压缩机入口氮气阀门 VA6306；

（3）在甲醇分离罐 V612 顶部取样点 S6104 取样分析，将回路中的碳氧化物降至 H_2＋CO＋CO_2 含量<1% 为合格；

（4）关闭 N_2 进气阀和出气阀（甲醇分离器放空阀 PV6103），合成塔回路充氮气正压保护；

（5）合成塔回路压力维持在 0.2～0.7MPa。

4. 扣分步骤

（1）高压分离罐 V612 高液位；

（2）高压分离罐 V612 高高液位；

（3）闪蒸罐 V613 高液位；

（4）闪蒸罐 V613 高高液位；

（5）汽包 V611 低液位；

（6）汽包 V611 低低液位；

（7）汽包 V611 高液位；

（8）汽包 V611 高高液位；

（9）R611 合成塔内温度高；

（10）R611 合成塔内温度高高；

（11）分离器 V633 高液位；

（12）分离器 V633 高高液位。

任务实施

一、任务准备

（1）根据现场情况选择合适的安全防护用品。
（2）根据任务目标进行人员的岗位安排。
（3）准备相应的工作报告或记录卡。

二、实施要点

（1）岗位分工明确，确定岗位职责。
（2）防护用品使用合理。
（3）联合进行开停车操作。
（4）分析遇到的故障并排除。

甲醇合成工段主要岗位及职责

序号	岗位	职责

任务评价

1. 根据开停车操作，完成评价表。

甲醇合成工段开停车操作评价表

项目	总分	操作得分	问题描述
开车操作			
停车操作			

甲醇生产中离心泵的事故分析

2. 操作中遇到了哪些事故？你是如何处理的？

甲醇合成工段主要事故及处理

事故名称	现象	处理方式

工作报告

班级：　　　　　　姓名：　　　　　　学号：　　　　　　成绩：

工作任务	
任务目标	
任务准备	
任务实施	
注意事项	
学习反思	

> 课后拓展

一、甲醇合成的主要影响因素

1. 催化剂

甲醇合成是有机工业中最重要的催化反应过程之一,没有催化剂的存在,合成甲醇的反应几乎不能进行。合成甲醇工业的进展很大程度上取决于催化剂的研制成功以及质量的改进。在合成甲醇的生产中,很多工艺指标和操作条件都由所用催化剂的性质决定。为便于运输、储存,一般出厂的催化剂是以氧化铜的形态存在的。氧化态的催化剂并不具备催化活性,使用前必须经过还原活化处理,将氧化铜转化为具有活性的单质铜。

化学反应还原式为:

$$CuO + H_2 = Cu + H_2O$$
$$CuO + CO = Cu + CO_2$$

催化剂上甲醇的生成速率取决于压力、催化剂温度、循环量和合成气组分。

2. 压力

甲醇合成速率和压力成正比,例如,压力增加10%,将使甲醇产量增加10%。

3. 温度

合成塔中的催化剂温度升高对反应动力学有提高作用。然而,催化剂最高温度应一直保持在280~285℃以避免催化剂损坏和副反应。

当已经达到平衡,催化剂活性没有受到限制,升高温度将降低甲醇产量。

4. 循环量

提高循环量可以增加甲醇产量。在低循环流量下,甲醇产量大致与循环量成正比;而当循环量非常高时,随着循环量的增加,甲醇产量增加很少。

5. 气体组成

甲醇合成速率取决于合成气组成。表示合成气特性的一种方法是计算($H_2 - CO$)与($CO + CO_2$)的化学计量比,越接近2.05~2.10,对反应越有利。

二、甲醇合成反应的特点

1. 放热反应

甲醇合成是一个可逆放热反应,为了使反应过程能够向着有利于生成甲醇的方向进行、适应最佳温度曲线的要求,以达到较好的产量,需要采取措施移走热量。

2. 体积缩小反应

从化学反应可以看出,无论是CO还是CO_2分别与H_2合成CH_3OH,都是体积缩小的反应,因此压力增高有利于反应向着生成CH_3OH的方向进行。

3. 可逆反应

在CO、CO_2和H_2合成生成CH_3OH的同时,甲醇也分解为CO_2、CO和H_2,合成反应的转化率与压力、温度和($H_2 - CO_2$)与($CO + CO_2$)的化学计量比有关。

4. 催化反应

在有催化剂时,合成反应才能较快进行,没有催化剂时,即使在较高的温度和压力下,反应仍极慢地进行。

项目七　　粗甲醇的精制

工段任务

甲醇合成来的粗甲醇，使用蒸汽，通过精馏与萃取精馏工艺，在预精馏塔中脱除粗甲醇中的二甲醚、醛类、二氧化碳等轻组分，在预塔回流槽中萃取烷烃油；从常压塔中脱除水、乙醇、杂醇等其他重组分，经过杂醇油提纯塔提纯为高浓度杂醇油。在加压精馏塔和常压精馏塔中生产出高品质的精甲醇，经中间贮槽计量后送往甲醇成品罐区。

常压精馏塔和回收精馏塔以及杂醇油提纯塔废水经废水泵送往污水处理站。

工段目标

基本目标：能够根据粗甲醇精制的操作规程进行正确的生产，养成规范、严谨的工作态度，并在工艺指标的控制中追求精益求精的职业精神。

拓展目标：能够对主要设备、仪表进行维护和保养，熟悉常见故障及排除方法。

任务一　梳理工艺流程

任务描述

通过对煤制甲醇仿真工厂中粗甲醇精制工段的分析,掌握粗甲醇精制的原理,梳理粗甲醇精制的工艺流程。

任务目标

知识：掌握粗甲醇精制的反应原理；掌握粗甲醇精制的工艺流程。
技能：能够进行准确的识图制图；能够准确描述粗甲醇精制过程。
素养：具备标准意识、规范意识、实事求是、精益求精的工匠精神。

必备知识

一、工艺原理

1. 粗甲醇的组成

甲醇合成的生成物与合成反应条件有密切的关系,虽然参加甲醇合成反应的只有C、H、O三种元素,但是由于甲醇合成反应受合成条件,如温度、压力、空间速度、催化剂、反应气的组成及催化剂中微量杂质等的影响,在生产甲醇反应的同时,还伴随着一系列副反应。由于 $n(H_2)/n(CO)$ 比例的失调,醇分离差及脱水作用,可能生成二甲醚；比例太低,催化剂中存在碱金属,有可能生成高级醇；反应温度过高,甲醇分离不好,会生成醚、醛、酮等羰基化合物；进塔器中水汽浓度高,可能生成有机酸；催化剂及设备管线中带有微量的铁,就可能有各种烃类生成；原料气脱硫不尽,就会生成硫醇、甲基硫醇,使甲醇呈异臭。因此,甲醇合成反应的产物主要是甲醇以及水、有机杂质等组成的混合溶液,称为粗甲醇。

2. 精制原理

利用粗甲醇中各组分的挥发度不同,通过蒸馏的方法,将有机杂质、水和甲醇混合液进行分离,这是精制粗甲醇的主要方法。用精馏方法将混合液提纯为纯组分时,根据组分的多少,需要一系列串联的精馏塔,对 n 元系统必须要 $(n-1)$ 个精馏塔,才能把 n 元的混合液分离为 n 个纯的组分。粗甲醇为一多元组分混合液,但其有机杂质一般为 0.5%～6.0%,其中关键组分是甲醇和水,其他杂质根据沸点不同可分为轻组分和重组分,而精制的最终目的是将甲醇与水有效地分离,并在精馏塔相应的顶部和下部将轻组分和重组分分离,这样就简化了精馏过程。

由于粗甲醇中有些组分间的物理、化学性质相近,不易分离,就必须采用特殊蒸馏,如萃取蒸馏,粗甲醇中的某些组分如异丁醛,与甲醇的沸点接近,很难分离（表 7-1）,可以加水进行萃取蒸馏,甲醇与水可以混溶,而异丁醛与水不相溶,这样挥发性较低的水可以改变关键组分在液相中的活度系数,使异丁醛容易除去。

表 7-1　按沸点顺序排列的粗甲醇组分

组分	沸点/℃	组分	沸点/℃	组分	沸点/℃
二甲醚	−23.7	甲醇	64.7	异丁醇	107.0
乙醛	20.2	异丙烯醚	67.5	正丁醇	117.7
甲酸甲酯	31.8	正己烷	69.0	异丁醚	122.3
二乙醚	34.6	乙醇	78.4	二异丙基酮	123.7
正戊烷	36.4	甲乙酮	79.6	正辛烷	125.0
丙醛	48.0	正戊醇	97.0	异戊醇	130.0
丙烯醛	52.5	正庚烷	98.0	4-甲基戊醇	131.0
乙酸甲酯	54.1	水	100.0	正己醇	138.0
丙酮	56.5	甲基异丙酮	101.7	正壬烷	150.7
异丁醛	64.5	乙酸酐	103.0	正癸烷	174.0

二、工艺流程

粗甲醇精制流程图如图 7-1 所示。

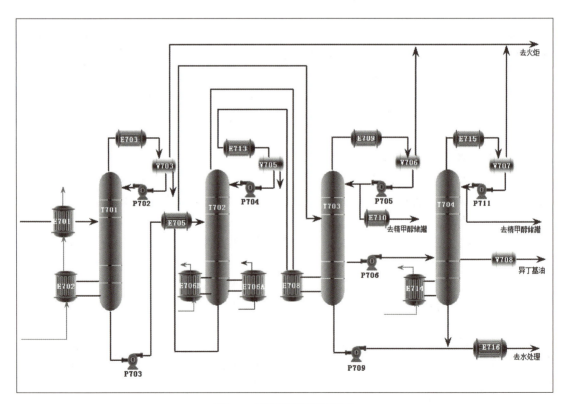

图 7-1　粗甲醇精制流程图

从甲醇合成工段来的粗甲醇进入粗甲醇预热器（E701）与预塔再沸器（E702）、加压塔再沸器（E706B）和回收塔再沸器（E714）来的冷凝水进行换热后进入预塔（T701），经T701分离后，塔顶气相为二甲醚、甲酸甲酯、二氧化碳、甲醇等蒸气，经二级冷凝后，不凝气通过火炬排放，冷凝液中补充脱盐水返回T701作为回流液，塔釜为甲醇水溶液，经P703增压后用加压塔（T702）塔釜出料液在E705中进行预热，然后进入T702。经T702分离后，塔顶气相为甲醇蒸气，与常压塔（T703）塔釜液换热后部分返回T702打回流，部分采出作为精甲醇产品，经E707冷却后送中间罐区产品罐，塔釜出料液在E705中与进料换热后作为E703塔的进料。

在T703中甲醇与轻重组分以及水得以彻底分离，塔顶气相为含微量不凝气的甲醇蒸气，经冷凝后，不凝气通过火炬排放，冷凝液部分返回T703打回流，部分采出作为精甲醇产品，经E710冷却后送中间罐区产品罐，塔下部侧线采出杂醇油作为回收塔（T704）的进料。塔釜出料液为含微量甲醇的水，经P709增压后送污水处理厂。

经T704分离后，塔顶产品为精甲醇，经E715冷却后部分返回T704回流，部分送精甲醇罐，塔中部侧线采出异丁基油送中间罐区副产品罐，底部的少量废水送污水处理厂。各工段流程图如图7-2～图7-5所示。

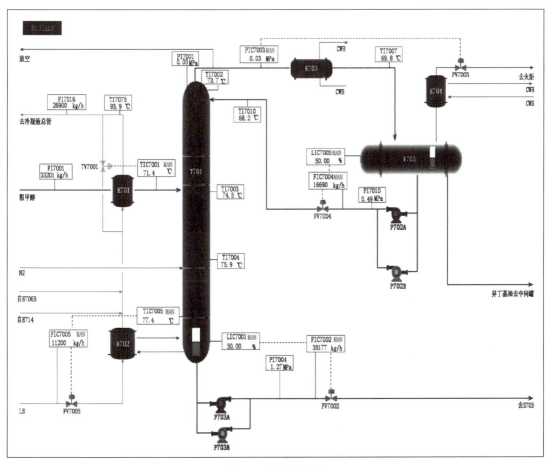

图7-2 预塔流程图

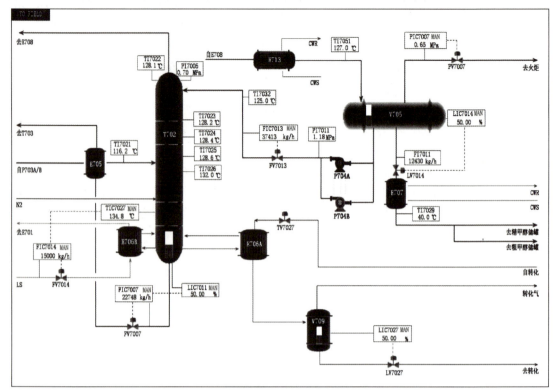

图 7-3　加压塔流程图

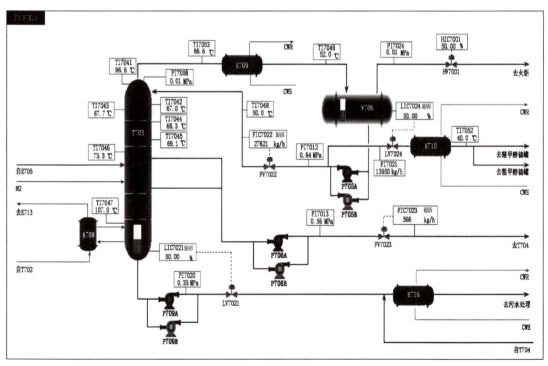

图 7-4　常压塔流程图

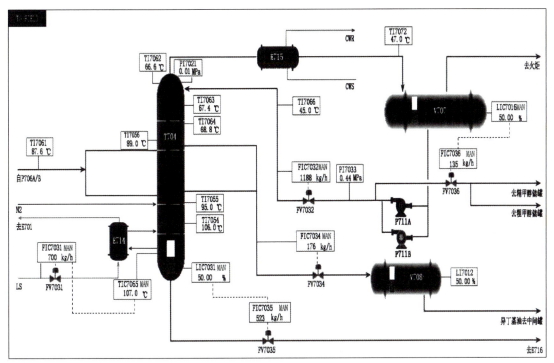

图 7-5 回收塔流程图

任务实施

一、任务准备

(1) 根据现场情况选择合适的安全防护用品。
(2) 根据任务目标进行人员的分工安排。
(3) 准备相应的工作报告记录卡。

二、实施要点

(1) 组员分工明确。
(2) 防护用品使用合理。
(3) 分析粗甲醇精制的原理。
(4) 梳理工艺,绘制工艺框线流程。

绘制粗甲醇精制的工艺框线流程

任务评价

工作报告

班级： 　　　姓名： 　　　学号： 　　　成绩：

工作任务	
任务目标	
任务准备	
任务实施	
注意事项	
学习反思	

任务二 认识设备和工艺参数

任务描述

通过对煤制甲醇仿真工厂中精制工段的分析,掌握主要设备及作用原理,熟悉工艺参数,能够对工艺指标进行调整。

任务目标

知识:掌握粗甲醇精制的主要设备;熟悉制备精甲醇的工艺参数。
技能:能在厂区找出相应的设备;能够进行准确的指标控制。
素养:具备标准意识、规范意识、实事求是、精益求精的工匠精神。

必备知识

一、主要设备

本工段采用四塔(3+1)精馏工艺,包括预塔、加压塔、常压塔及甲醇回收塔。另外,为了减少废水排放,增设甲醇回收塔,进一步回收甲醇,减少废水中甲醇的含量,工段包含的主要设备及作用见表7-2。

甲醇精制工段
主要设备

表 7-2 精制工段主要设备及作用

序号	位号	设备名	作用
1	T701	预塔	脱除轻馏分杂质(在塔顶)
2	T702	加压塔	提高压力,塔顶产出精甲醇
3	T703	常压塔	塔顶产出精甲醇,塔釜分离出水(重组分)、侧采杂醇油
4	T704	回收塔	回收杂醇油中的甲醇,塔釜分离出水(重组分)、侧采杂醇油
5	V703	预塔回流槽	储存预塔粗甲醇回流液,萃取异丁基油
6	V705	加压塔回流槽	储存加压塔回流液,并采出合格精甲醇
7	V706	常压塔回流槽	储存常压塔回流液,并采出合格精甲醇
8	V707	回收塔回流槽	储存回收塔回流液,并采出合格精甲醇
9	V708	异丁基油中间槽	储存回收塔塔中异丁基油,并采出异丁基油
10	V709	转化气第二分离器	对转化气进行气液分离
11	E701	粗甲醇预热器	用蒸汽余热给预塔进料加热
12	E702	预塔再沸器	用蒸汽给预塔提供热源

续表

序号	位号	设备名	作用
13	E703	预塔一冷	冷凝预塔塔顶粗甲醇
14	E705	加压塔预热器	用加压塔塔釜热源给加压塔进料加热
15	E706A	转化气再沸器	用转化气给加压塔提供热源
16	E706B	加压塔再沸器	用蒸汽给加压塔提供热源
17	E707	加压塔精甲醇冷却器	用冷却水将精甲醇冷却至常温,以便送往罐区储存
18	E708	冷凝再沸器	用蒸汽给常压塔提供热源
19	E709	常压塔冷凝器	冷凝常压塔塔顶粗甲醇
20	E710	常压塔精甲醇冷却器	用冷却水将精甲醇冷却至常温,以便送往罐区储存
21	E713	加压塔二冷	冷凝加压塔塔顶粗甲醇
22	E714	回收塔再沸器	用蒸汽给回收塔提供热源
23	E715	回收塔冷凝器	冷凝回收塔塔顶粗甲醇
24	E716	废水冷却器	用冷却水将废水冷却至常温,以便污水处理
25	E704	预塔一冷不凝气冷却器	冷凝预塔塔顶粗甲醇,控制不凝气甲醇含量
26	P702A/B	T701回流泵	为预塔回流液增压
27	P703A/B	T701底部泵	为加压塔进料增压
28	P704A/B	T702回流泵	为加压塔回流液增压
29	P705A/B	T703回流泵	为常压塔回流液增压
30	P706A/B	T704进料泵	为回收塔进料增压
31	P709A/B	T703底部泵	为常压塔塔釜污水增压送至污水处理
32	P711A/B	T704回流泵	为回收塔回流液增压

甲醇精制的
影响因素

二、工艺参数

本装置中精制工段的工艺参数如表 7-3 所示。

表 7-3 精制工段工艺参数

序号	位号	说明	正常值	工程单位
预塔				
1	FI7001	T701进料量	33201	kg/h

续表

序号	位号	说明	正常值	工程单位
2	FI7003	T701脱盐水流量	2300	kg/h
3	FIC7002	T701塔釜采出量控制	35176	kg/h
4	FIC7004	T701塔顶回流量控制	16690	kg/h
5	FIC7005	T701加热蒸汽量控制	11200	kg/h
6	TIC7001	T701进料温度控制	72	℃
7	TI7075	E701热侧出口温度	95	℃
8	TI7002	T701塔顶温度	73.9	℃
9	TI7003	T701 Ⅰ与Ⅱ填料间温度	75.5	℃
10	TI7004	T701 Ⅱ与Ⅲ填料间温度	76	℃
11	TI7005	T701塔釜温度控制	77.4	℃
12	TI7007	E703出料温度	70	℃
13	TI7010	T701回流液温度	68.2	℃
14	PI7001	T701塔顶压力	0.03	MPa
15	PIC7003	T701塔顶气相压力控制	0.03	MPa
16	PI7002	T701塔釜压力	0.038	MPa
17	PI7004	P703A/B出口压力	1.27	MPa
18	PI7010	P702A/B出口压力	0.49	MPa
19	LIC7005	V703液位控制	50	%
20	LIC7001	T701塔釜液位控制	50	%
加压塔				
1	FIC7007	T702塔釜采出量控制	22747	kg/h
2	FIC7013	T702塔顶回流量控制	37413	kg/h
3	FIC7014	E706B蒸汽流量控制	15000	kg/h
4	FI7011	T702塔顶采出量	12430	kg/h
5	TI7021	T702进料温度	116.2	℃
6	TI7022	T702塔顶温度	128.1	℃
7	TI7023	T702 Ⅰ与Ⅱ填料间温度	128.2	℃
8	TI7024	T702 Ⅱ与Ⅲ填料间温度	128.4	℃

续表

序号	位号	说明	正常值	工程单位
9	TI7025	T702 Ⅱ与Ⅲ填料间温度	128.6	℃
10	TI7026	T702 Ⅱ与Ⅲ填料间温度	132	℃
11	TIC7027	T702 塔釜温度控制	134.8	℃
12	TI7051	E713 热侧出口温度	127	℃
13	TI7032	T702 回流液温度	125	℃
14	TI7029	E707 热侧出口温度	40	℃
15	PI7005	T702 塔顶压力	0.70	MPa
16	PIC7007	T702 塔顶气相压力控制	0.65	MPa
17	PI7011	P704A/B 出口压力	1.18	MPa
18	PI7006	T702 塔釜压力	0.71	MPa
19	LIC7014	V705 液位控制	50	%
20	LIC7011	T702 塔釜液位控制	50	%
常压塔				
1	FIC7022	T703 塔顶回流量控制	27621	kg/h
2	FI7021	T703 塔顶采出量	13950	kg/h
3	FIC7023	T703 侧线采出异丁基油量控制	658	kg/h
4	TI7041	T703 塔顶温度	66.6	℃
5	TI7042	T703 Ⅰ与Ⅱ填料间温度	67	℃
6	TI7043	T703 Ⅱ与Ⅲ填料间温度	67.7	℃
7	TI7044	T703 Ⅲ与Ⅳ填料间温度	68.3	℃
8	TI7045	T703 Ⅳ与Ⅴ填料间温度	69.1	℃
9	TI7046	T703 Ⅴ填料与塔盘间温度	73.3	℃
10	TI7047	T703 塔釜温度控制	107	℃
11	TI7048	T703 回流液温度	50	℃
12	TI7049	E709 热侧出口温度	52	℃
13	TI7052	E710 热侧出口温度	40	℃
14	TI7053	E709 入口温度	66.6	℃
15	PI7008	T703 塔顶压力	0.01	MPa
16	PI7024	V706 平衡管线压力	0.01	MPa

续表

序号	位号	说明	正常值	工程单位
17	PI7012	P705A/B 出口压力	0.64	MPa
18	PI7013	P706A/B 出口压力	0.54	MPa
19	PI7020	P709A/B 出口压力	0.32	MPa
20	PI7009	T703 塔釜压力	0.03	MPa
21	LIC7024	V706 液位控制	50	%
22	LIC7021	T703 塔釜液位控制	50	%
回收塔				
1	FIC7032	T704 塔顶回流量控制	1188	kg/h
2	FIC7036	T704 塔顶采出量	135	kg/h
3	FIC7034	T704 侧线采出异丁基油量控制	175	kg/h
4	FIC7031	E714 蒸汽流量控制	700	kg/h
5	FIC7035	T704 塔釜采出量控制	347	kg/h
6	TI7061	T704 进料温度	87.6	℃
7	TI7062	T704 塔顶温度	66.6	℃
8	TI7063	T704 Ⅰ与Ⅱ填料间温度	67.4	℃
9	TI7064	T704 第Ⅱ层填料与塔盘间温度	68.8	℃
10	TI7056	T704 第 14 与 15 块板间温度	89	℃
11	TI7055	T704 第 10 与 11 块板间温度	95	℃
12	TI7054	T704 塔盘第 6 与 7 块板间温度	106	℃
13	TI7065	T704 塔釜温度控制	107	℃
14	TI7066	T704 回流液温度	45	℃
15	TI7072	E715 壳程出口温度	47	℃
16	PI7021	T704 塔顶压力	0.01	MPa
17	PI7033	P711A/B 出口压力	0.44	MPa
18	PI7022	T704 塔釜压力	0.03	MPa
19	LIC7016	V707 液位控制	50	%
20	LIC7031	T704 塔釜液位控制	50	%

> 任务实施

一、任务准备

(1) 根据现场情况选择合适的安全防护用品。
(2) 根据任务目标进行人员的分工安排。
(3) 准备相应的工作报告记录卡。

二、实施要点

(1) 组员分工明确。
(2) 防护用品使用合理。
(3) 分析粗甲醇精制的主要设备及作用。
(4) 在厂区找出相应设备进行学习并标注位置。

粗甲醇精制工段主要设备位置标注

序号	设备名称	位置	序号	设备名称	位置

> 任务评价

工作报告

班级：　　　　　姓名：　　　　　　学号：　　　　　　成绩：

工作任务	
任务目标	
任务准备	
任务实施	
注意事项	
学习反思	

任务三　进行精甲醇生产

任务描述

通过对煤制甲醇仿真工厂中粗甲醇精制工段的原理、工艺等的学习，确定岗位，进行开停车操作，生产合格精甲醇。

任务目标

知识：掌握粗甲醇精制的仿真开车过程和正常停车操作过程；掌握精制工段主要岗位及职责。

技能：能够根据相应的危险因素选择合适的防护措施；对出现的事故能够进行准确的分析和处理。

素养：具备标准意识、规范意识、实事求是、精益求精的工匠精神。

必备知识

一、开车操作规程

1. 开车前准备

（1）打开预塔冷凝器 E703 的冷却水阀 VD7072；
（2）打开二级冷凝器 E704 的冷却水阀 VD7073；
（3）打开加压塔冷凝器 E713 的冷却水阀 VD7075；
（4）打开冷凝器 E707 的冷却水阀 VD7076；
（5）打开常压塔冷凝器 E709 的冷却水阀 VD7079；
（6）打开常压塔冷凝器 E710 的冷却水阀 VD7078；
（7）打开常压塔冷凝器 E716 的冷却水阀 VD7080；
（8）打开回收塔冷凝器 E715 的冷却水阀 VD7047；
（9）打开 N_2 阀，给加压塔 T702 充压至 0.65MPa；
（10）关闭 VD7043。

精馏整体开车过程

精馏的操作过程

2. 预塔开车

（1）开粗甲醇预热器 E701 的进口阀 VA7001，向预塔 T701 进料，控制 T701 液位在 50% 左右；
（2）通过调节 FV7005 开度，给再沸器 E702 加热，控制预塔塔釜温度约为 77℃；
（3）待 T701 塔顶压力大于 0.02MPa 时，调节预塔排气阀 PIC7003 开度，使塔顶压力维持在 0.03MPa；
（4）待 T701 塔底液位上涨趋势较快时，打开泵 P703A 的入口阀 VD7003；
（5）启动泵 P703A；
（6）打开泵 P703A 出口阀 VD7004；
（7）手动打开调节阀 FV7002，向加压塔 T702 进料；
（8）开 V703 脱盐水阀 VA7008 至 20%；

（9）回流罐 V703 液位至 50% 左右后，开回流泵 P702A 入口阀 VD7005；

（10）启动泵 P702A；

（11）开泵 P702A 出口阀 VD7006；

（12）手动打开调节阀 FV7004，控制回流罐液位稳定；

（13）回流罐 V703 液位维持在 50%；

（14）通过调整出 T701 的流量和回流量，维持 T701 液位在 50%。

3. 加压塔开车

（1）待加压塔液位大于 50% 后，手动打开加压塔蒸汽调节阀 FV7014 前阀 VD7048；

（2）手动打开加压塔调节阀 FV7014 后阀 VD7049；

（3）通过调节 FV7014 开度，给再沸器 E706B 加热；

（4）通过调节 TV7027 开度，给再沸器 E706A 加热；

（5）将 LIC7027 投自动，设定 50%；

（6）分离罐 V709 液位维持在 50%；

（7）通过调节阀门 PV7007 的开度，使加压塔回流罐 V705 压力维持在 0.65MPa；

（8）回流罐 V705 有液位 50% 后，开回流泵 P704A 入口阀 VD7009；

（9）启动泵 P704A；

（10）开泵 P704A 出口阀 VD7010；

（11）手动打开调节阀 FV7013；

（12）当加压塔 T702 塔底液位在 50% 且上升趋势明显，打开 FV7007，向常压塔 T703 进料；

（13）在保证加压塔回流量正常且回流罐 V705 有明显上升趋势时，逐渐打开 LV7014；

（14）打开 VD7082，采出 T702 塔顶产品；

（15）通过控制 LV7014 阀位和回流量，使加压塔回流罐 V705 液位维持在 50%；

（16）通过控制 T702 塔釜至 T703 流量和塔顶回流量，维持 T702 液位在 50%。

4. 常压塔开车

（1）V706 液位达到 50% 后，开回流泵 P705A 入口阀；

（2）启动常压塔回流泵 P705A；

（3）开泵 P705A 出口阀 VD7014；

（4）手动打开调节阀 FV7022 至 5% 左右，根据常压塔液位情况可适当调整开度；

（5）打开 VD7084，采出 T703 塔顶产品，维持回流罐液位在 50%；

（6）待常压塔 T703 塔底液位达 50% 后，打开泵 P709A 的入口阀 VD7021；

（7）启动泵 P709A；

（8）打开泵 P709A 出口阀 VD7022；

（9）手动打开并调节阀 LV7021 至 50%，塔釜残液去污水处理；

（10）若常压塔液位继续上升，开回收塔 T704 进料泵 P706A 入口阀；

（11）启动泵 P706A；

（12）开泵 P706A 出口阀 VD7018；

（13）手动打开调节阀 FV7023，常压塔侧线采出杂醇油作为回收塔 T704 进料；

（14）打开回收塔进料阀 VD7033；

（15）打开回收塔进料阀 VD7037；

(16) 待回流罐液位上升趋势明显且回流阀 FV7022 开至 50%，逐渐打开 LV7024；
(17) 打开常压塔顶至精甲醇储罐阀 VD7084；
(18) 当加压塔液位出现下降趋势，适当增大回流量至正常，维持 T703 液位在 50%；
(19) 通过调节 LV7024，维持回流罐液位在 50%；
(20) 待常压塔各参数正常后，常压塔液位 LIC7021 投自动，液位维持在 50%；
(21) 通过调节阀门 HV7001 的开度，使常压塔回流罐压力维持在 0.01MPa。

5. 回收塔开车

(1) 待回收塔液位达到 50% 后，通过调节 FV7031 开度，给再沸器 E714 加热；
(2) V707 液位达到 50% 后，开回流泵 P711A 入口阀，控制回流罐液位稳定；
(3) 启动泵 P711A；
(4) 开泵 P711A 出口阀 VD7026；
(5) 手动打开调节阀 FV7032，使回收塔液位不下降；
(6) 待塔 T704 塔底液位小于 50% 后，手动打开流量调节阀 FV7035，与 T703 塔底污水合并，同时维持回收塔液位稳定；
(7) 打开 VD7086，采出 T704 塔顶产品；
(8) 手动打开调节阀 FV7034，回收塔侧线采出异丁基油；
(9) 调节阀门 VA7009，使异丁基油中间罐 V708 液位维持在 50%；
(10) 通过 FV7035 控制 T704 液位维持在 50%；
(11) 回流罐 V707 液位存在明显上升趋势后，逐渐打开 FV7036，控制好回流罐液位；
(12) 通过调节阀门 VA7006 的开度，使回收塔压力维持在 0.01MPa；
(13) 通过 FV7036 控制回流罐 V707 液位维持在 50%。

6. 调节至正常

(1) 通过调整 PIC7003 开度，使预塔 PIC7003 达到正常值；
(2) 调节 FV7001，进料温度稳定至正常值；
(3) 逐步调整预塔回流量 FIC7004 至正常值；
(4) 逐步调整塔釜出料量 FIC7002 至正常值；
(5) 通过调整加热蒸汽量 FIC7005 控制预塔塔釜温度 TIC7005 至正常值；
(6) 通过调整 PIC7007 开度，使加压塔压力稳定；
(7) 逐步调整加压塔回流量 FIC7013 至正常值；
(8) 开 LV7014 和 FV7007 出料，注意加压塔回流罐、塔釜液位；
(9) 通过调整加热蒸汽量 FIC7014 和 TIC7027，控制加压塔塔釜温度 TIC7027 至正常值；
(10) 开 LV7024 和 LV7021 出料，注意常压塔回流罐、塔釜液位；
(11) 开 FV7036 和 FV7035 出料，注意回收塔回流罐、塔釜液位；
(12) 通过调整加热蒸汽量 FIC7031 控制回收塔塔釜温度 TIC7065 至正常值；
(13) 将各控制回路投自动，各参数稳定并与工艺设计值吻合后，投产品采出串级。

7. 正常操作规程

(1) 进料温度 TIC7001 投自动，设定值为 72℃；
(2) 预塔塔顶压力 PIC7003 投自动，设定值为 0.03MPa；
(3) 预塔塔顶回流量 FIC7004 设为串级，设定值为 16690kg/h，LIC7005 设自动，设定值为 50%；

（4）预塔塔釜采出量 FIC7002 设为串级，设定值为 35176kg/h，LIC7001 设自动，设定值为 50%；

（5）预塔加热蒸气量 FIC7005 设为串级，设定值为 11200kg/h，TIC7005 投自动，设定值为 77.4℃；

（6）加压塔加热蒸气量 FIC7014 设为串级，设定值为 15000kg/h，TIC7027 投自动，设定值为 134.8℃；

（7）加压塔塔顶压力 PIC7007 投自动，设定值为 0.65MPa；

（8）加压塔塔顶回流量 FIC7013 投自动，设定值为 37413kg/h；

（9）加压塔回流罐液位 LIC7014 投自动，设定值为 50%；

（10）加压塔塔釜采出量 FIC7007 设为串级，设定值为 22747kg/h，LIC7011 设自动，设定值为 50%；

（11）常压塔塔顶回流量 FIC7022 投自动，设定值为 27621kg/h；

（12）常压塔回流罐液位 LIC7024 投自动，设定值为 50%；

（13）常压塔塔釜液位 LIC7021 投自动，设定值为 50%；

（14）常压塔侧线采出量 FIC7023 投自动，设定值为 658kg/h；

（15）回收塔加热蒸气量 FIC7031 设为串级，设定值为 700kg/h，TIC7065 投自动，设定值为 107℃；

（16）回收塔塔顶回流量 FIC7032 投自动，设定值为 1188kg/h；

（17）回收塔塔顶采出量 FIC7036 投串级，设定值为 135kg/h，LIC7016 投自动，设定值为 50%；

（18）回收塔塔釜采出量 FIC7035 设为串级，设定值为 346kg/h，LIC7031 设自动，设定值为 50%；

（19）回收塔侧线采出量 FIC7034 投自动，设定值为 175kg/h。

二、停车操作规程

1. 停用联锁和调整各塔液位

（1）停用 P702 联锁；

（2）停用 P703 联锁；

（3）停用 P704 联锁；

（4）停用 P705 联锁；

（5）停用 P706 联锁；

（6）停用 P709 联锁；

（7）停用 P711 联锁；

（8）将加压塔釜液位 LIC7011 投自动；

（9）将加压塔釜液位 LIC7011 设定为 20%；

（10）将加压塔塔釜控制阀 FIC7007 投串级；

（11）将常压塔塔釜液位 LIC7021 投自动；

（12）将常压塔塔釜液位 LIC7021 设定为 20%；

（13）将常压塔塔顶回流罐液位 LIC7024 投自动；

(14) 将常压塔塔顶 P705 出口流量阀 FV7022 关至 20%。

2. 预塔停车

(1) 停预塔加热蒸汽，关闭阀门 FV7005；
(2) 手动全开 FV7002，加速液位 LIC7001 下降速度；
(3) 停预塔进料，关闭现场阀 VA7001；
(4) 关闭脱盐水阀门 VA7008；
(5) 手动开大 FV7004，将回流罐内液体全部打入精馏塔，以降低塔内温度；
(6) 全开 PV7003 阀；
(7) 当回流罐液位降至 5%，停回流，关闭调节阀 FV7004；
(8) 关闭泵 P702A 出口阀 VD7006；
(9) 停泵 P702A；
(10) 关闭泵 P702A 入口阀 VD7005；
(11) 关闭备用泵 P702B 出口阀 VD7008；
(12) 关闭备用泵 P702B 入口阀 VD7007；
(13) 待液位 LIC7001 下降至 30% 后，手动关闭 FV7002；
(14) 关闭加压塔进料泵出口阀 VD7004；
(15) 停泵 P703A；
(16) 关泵入口阀 VD7003；
(17) 关闭加压塔备用进料泵 P703B 出口阀 VD7002；
(18) 关备用泵 P703B 入口阀 VD7001；
(19) 打开塔釜泄液阀 VD7074，排出不合格产品；
(20) 当塔压降至常压后，关闭 PV7003；
(21) 关冷凝器 E703 冷凝水 VD7072；
(22) 关 E704 循环水阀 VD7073；
(23) 当塔釜液位降至 0%，关闭泄液阀 VD7074。

3. 预塔停车

(1) 关闭精甲醇采出阀 VD7082；
(2) 打开粗甲醇阀 VD7083；
(3) 全开回流罐液位控制阀 LV7014；
(4) 全开塔顶回流阀 FV7013；
(5) 将加压塔塔釜液位 LIC7011 投手动；
(6) 将加压塔塔釜控制阀 FIC7007 投手动；
(7) 全开 V709 排液位阀 LV7027；
(8) 当回流罐液位降至小于 5%，停回流，关闭调节阀 FV7013；
(9) 停加压塔加热蒸汽，关闭阀门 FV7014；
(10) 关闭阀门 VD7048；
(11) 关闭 VD7049；
(12) 关闭 E706A 热侧温度控制阀 TV7027；
(13) 待 V709 液位排净后，关闭 LV7027；
(14) 关闭泵 P704A 出口阀 VD7010；

(15) 停泵 P704A；

(16) 关闭泵 P704A 入口阀 VD7009；

(17) 关闭泵 P704B 出口阀 VD7012；

(18) 关闭泵 P704A 出口阀 VD7011；

(19) 待回流罐液位 LIC7014 降至 2%，手动关闭 LV7014；

(20) 关闭粗甲醇阀 VD7083；

(21) 待塔釜液位 LIC7011 下降至 35% 后，打开塔釜泄液阀 VD7077，排出不合格产品；

(22) 全开 PV7007；

(23) 关冷凝器 E713 冷凝水阀 VD7075；

(24) 关 E707 循环水阀 VD7076；

(25) 当塔压降至常压后，关闭 PV7007；

(26) 当塔釜液位降至 0% 后，关闭泄液阀 VD7077。

4. 常压塔停车

(1) 打开粗甲醇阀 VD7085；

(2) 关闭精甲醇采出阀 VD7084；

(3) 关闭回流罐流量阀 FV7022；

(4) 常压塔塔顶采出阀 LV7024 投手动；

(5) 全开 LV7024；

(6) 将常压塔塔釜液位 LIC7021 投手动；

(7) 待回流罐液位 LIC7024 下降至 2%，手动关闭 LV7024；

(8) 关闭泵出口阀 VD7014；

(9) 停泵 P705A；

(10) 关闭泵入口阀 VD7013；

(11) 关 E709 冷凝水阀 VD7079；

(12) 关 E710 循环水阀 VD7078；

(13) 关闭侧采产品出口阀 FV7023；

(14) 关闭回收塔进料泵 P706A 的出口阀 VD7018；

(15) 停泵 P706A；

(16) 关闭泵入口阀 VD7017；

(17) 关闭泵 P706B 出口阀 VD7020；

(18) 关闭泵 P706B 入口阀 VD7019；

(19) 关闭 HV7001；

(20) 待塔釜液位下降至 35%，打开塔釜泄液阀 VD7081，排出不合格产品；

(21) 关闭塔釜出口阀 LV7021；

(22) 关闭 P709A 的出口阀 VD7022；

(23) 停泵 P709A；

(24) 关闭泵 P709A 入口阀 VD7021；

(25) 关冷凝器冷凝水阀 VD7079；

(26) 当塔釜液位降至 0% 后，关闭泄液阀 VD7081。

5. 回收塔停车

（1）停回收塔加热蒸汽阀 FV7031；

（2）打开粗甲醇阀 VD7087；

（3）关闭精甲醇采出阀 VD7086；

（4）全开回收塔塔釜控制阀 FV7035；

（5）关闭回收塔进料阀 VD7033；

（6）关闭回收塔进料阀 VD7037；

（7）全开至粗甲醇罐流量阀 FV7036；

（8）关闭回流调节阀 FV7032；

（9）待回流罐下降至 2%，手动关闭 FV7036；

（10）关闭泵 P711A 出口阀 VD7026；

（11）停泵 P711A；

（12）关闭泵 P711A 入口阀 VD7025；

（13）关闭泵 P711B 出口阀 VD7028；

（14）关闭泵 P711B 入口阀 VD7027；

（15）关闭侧采产品出口阀 FV7034；

（16）全开 V708 罐出口阀 VA7009；

（17）待 V708 罐液位排至 2%，关闭 VA7009；

（18）待塔釜液位下降至 30%，打开塔釜泄液阀 VD7088，排出不合格产品；

（19）关闭污水阀 FV7035；

（20）当塔压降至常压后，关闭 VA7006；

（21）关冷凝器冷凝水 VD7047；

（22）当塔釜液位降至 0% 后，关闭泄液阀 VD7088。

> 任务实施

一、任务准备

（1）根据现场情况选择合适的安全防护用品。

（2）根据任务目标进行人员的岗位安排。

（3）准备相应的工作报告或记录卡。

二、实施要点

（1）岗位分工明确，确定岗位职责。

（2）防护用品使用合理。

（3）联合进行开停车操作。

（4）分析遇到的故障并排除。

粗甲醇精制工段主要岗位及职责

序号	岗位	职责

任务评价

1. 根据开停车操作，完成评价表。

粗甲醇精制工段开停车操作评价表

项目	总分	操作得分	问题描述
开车操作			
停车操作			

2. 操作中遇到了哪些事故？你是如何处理的？

粗甲醇精制工段主要事故及处理

事故名称	现象	处理方式

工作报告

班级：　　　　　姓名：　　　　　学号：　　　　　成绩：

工作任务	
任务目标	
任务准备	
任务实施	
注意事项	
学习反思	

参 考 文 献

[1] 彭建喜．煤气化制甲醇技术［M］．北京：化学工业出版社，2010．
[2] 赵刚．化工仿真实训指导［M］．北京：化学工业出版社，2013．
[3] 解维伟．煤化学与煤质分析［M］．北京：冶金工业出版社，2012．
[4] 朱银惠．煤化学［M］．第 4 版．北京：化学工业出版社，2021．